浙江越秀外国语学院出版基金资助

数字图像滤波算法的研究及应用

倪臣敏 著

電子工業出版社
Publishing House of Electronics Industry
北京 · BEIJING

内 容 简 介

随着数字化信息时代的到来，数字图像的复原和去噪引起了人们广泛的研究兴趣。本书首先介绍了数字图像复原基础、图像的噪声模型、经典的噪声滤波算法及质量评价标准，以及有关理论基础；然后在空域滤波方面，针对脉冲噪声的去除，提出并验证了用于估计脉冲噪声密度的模糊指标，并在此基础上提出了两种脉冲噪声去除算法，通过实验验证了算法优势；在变换域滤波方面，介绍了频域滤波的研究机理，以及高斯滤波、维纳滤波、低通滤波、带通滤波、小波滤波等的去噪效果比较及其应用；最后介绍了综合的滤波算法及其应用，涉及滤波在医学图像处理中的应用、新型冠状病毒图像去噪识别分割、超声图像去噪、遥感图像去噪、智慧城市交通中运动的人脸、车牌等的去噪识别应用案例等。

本书内容翔实，覆盖面广，对噪声分析详细，去噪声滤波算法分析得当，并给出一些作者自己的算法，对于研究数字图像处理的本科生或者研究生，具有较好的参考价值。

图书在版编目（CIP）数据

数字图像滤波算法的研究及应用 / 倪臣敏著. —北京：电子工业出版社，2020.10
ISBN 978-7-121-39660-1

Ⅰ. ①数…　Ⅱ. ①倪…　Ⅲ. ①数字图像处理－研究　Ⅳ. ①TN911.73

中国版本图书馆 CIP 数据核字（2020）第 185478 号

责任编辑：竺南直
印　　刷：三河市鑫金马印装有限公司
装　　订：三河市鑫金马印装有限公司
出版发行：电子工业出版社
　　　　　北京市海淀区万寿路 173 信箱　邮编 100036
开　　本：720×1 000　1/16　印张：13　字数：262 千字
版　　次：2020 年 10 月第 1 版
印　　次：2020 年 10 月第 1 次印刷
定　　价：49.00 元

凡所购买电子工业出版社图书有缺损问题，请向购买书店调换。若书店售缺，请与本社发行部联系，联系及邮购电话：（010）88254888，88258888。

质量投诉请发邮件至 zlts@phei.com.cn，盗版侵权举报请发邮件至 dbqq@phei.com.cn。

本书咨询联系方式：davidzhu@phei.com.cn。

前　言

数字图像处理是集光学、微电子学、计算机科学、应用数学于一体的综合性边缘学科，近年来，随着计算机的发展而逐渐成为一门独立的学科。图像在获取、传输和存储过程中，由于受多种原因如模糊、失真、运动、噪声、雾霾等影响，会造成图像质量的下降，为了从降质图像中复原出清晰的细节丰富的图像，往往需要设计合理的滤波器来实现。图像滤波主要包括空域滤波和频域滤波两大类，图像噪声消除是图像处理中的一个重要内容，许多学者对此进行了深入的研究并且提出了多种去除噪声、去除模糊的滤波算法，无论是在灰度图像还是彩色图像的滤波领域，这些算法都起到了比较好的减轻图像噪声的效果，为后续的边缘检测或者图像分割、形状识别、智能检测等带来方便。本书在对现有内容进行总结、对比分析、进一步提炼研究的过程中，融合了作者自己的观点和研究成果，并根据当前的时代背景给出了图像滤波在医学图像、遥感图像、智慧交通检测等方面的应用。

本书内容分为七章：

第 1 章和第 2 章介绍了数字图像处理以及滤波去噪的基础知识，包括数字图像的概念、图像的噪声模型及经典的噪声滤波算法和图像质量评价方法，以及相关的理论基础，如模糊数学的有关理论、傅里叶变换及小波变换等。

第 3 章和第 4 章综合分析了空域滤波、频域滤波的算法以及实现过程，如邻域滤波、中值滤波、维纳滤波、小波滤波等。基于 MATLAB 和 VC++平台，给出了部分滤波算法的源代码。通过对各种滤波器进行原理分析和案例对比分析的方式，展示了各处理方法的优势和劣势、适合处理的图像类别，为读者提供了重要的图像处理策略参考。

第 5 章基于模糊数学的理论知识以及脉冲噪声的特点，提出了用以判断脉冲噪声强度（即密度）的模糊指标，通过实验统计和曲线拟合获得噪声强度与模糊指标的关系，并验证了其性能；最后引入 Prewitt 梯度算子，获得梯度阈值限制，改进了中值滤波算法，更好地保持了图像的细节信息，因为有模糊指标判断噪声强度，使得滤波处理的自适应性更好。针对脉冲噪声密度大于 50%的噪声图像，首先介绍了一种很好的去噪算法——MMEM 算法，然后提出基于序列图像的脉冲噪声去除新算法，利用脉冲噪声的正负脉冲特性，提出点对点的检测算法，充分利用每幅图像的有用信息来恢复受污染的图像，取得了良好的恢复效果。

第 6 章是滤波算法在现代图像分析中的应用，包括滤波在医学图像处理中的应用，给出了超声图像去噪和新型冠状病毒图像识别分割案例；滤波在遥感图像处理中的应用，给出了遥感图像去雾和去周期噪声的方法以及处理效果；综合的滤波算法在智慧城市交通图像中的应用，包括运动模糊图像的模糊算子介绍以及对运动模糊图像、运动汽车图像的模糊复原、车牌识别等。

最后一章是对图像滤波算法的研究趋势分析，主要借助中国知网的大数据统计，进行了学术研究趋势和应用研究趋势两方面的分析。

本书由浙江越秀外国语学院倪臣敏撰写，内容翔实，覆盖面广，对噪声模型以及去噪算法的分析总结详细，应用拓展案例新颖，书末列出了参考文献，供有兴趣的读者进一步研究。希望本书能为研究图像增强、图像去噪等的学生和科研工作者提供学习参考。书中若有不足之处，也请读者提出意见和建议，以便进一步修正。

著作中的部分内容得到了导师——浙江大学叶懋冬教授的指导，在此感谢叶教授，同时感谢我的家人，没有他们的支持和鼓励，就不会有我的这部作品。

倪臣敏

2020 年 5 月

目　录

第 1 章　图像噪声复原基础及评价标准

1.1　数字图像复原简介

在日常生活中，我们经常会看到各种各样的图像，如书刊读物里面的插图，拍照得到的照片，以及电视放映中的动态图像等，日常所见的图像大多是连续的，但是有时候为了某种需要，我们要借助于计算机对图像做一些处理，而计算机只能对离散的数据进行处理，这就需要把图像离散化（即数字化）。一般情况下，一幅图像可以定义为一个二维函数 $f(x,y)$ ，其中 x,y 是空间坐标，坐标点 (x,y) 称为像素点，任意一对空间坐标 (x,y) 上的幅值 f（是唯一的）称为该像素点的强度或者灰度。当 x,y 和幅值 f 为有限的、离散的数值时，就称该图像为数字图像。数字图像在计算机中是以矩阵的形式存储的，矩阵中元素的行和列就代表了图像中像素的坐标。例如，设 $\boldsymbol{I}$ 是一幅数字图像，被离散化为 M 行和 N 列，若规定矩阵左下角元素对应像素坐标为 (x_1,y_1)（实际上，图像在计算机中就是按照从左到右，从下到上的顺序来存储的），三维坐标 (R,G,B) $0\leqslant R\leqslant 255, 0\leqslant G\leqslant 255, 0\leqslant B\leqslant 255$ 表示 (x_i,y_j) 像素点对应的灰度值（其中 $1\leqslant i\leqslant M, 1\leqslant j\leqslant N$ ）。则 $\boldsymbol{I}$ 可以用下面的矩阵表示：

$$f(x,y)=\begin{bmatrix} f(x_M,y_1) & f(x_M,y_2) & \cdots & f(x_M,y_N) \\ \vdots & \vdots & \cdots & \vdots \\ f(x_2,y_1) & f(x_2,y_2) & \cdots & f(x_2,y_N) \\ f(x_1,y_1) & f(x_1,y_2) & \cdots & f(x_1,y_N) \end{bmatrix} \tag{1.1.1}$$

图像的像素点 (x_i,y_j) 的颜色是通过 $f(x_i,y_j)$ 来表现的，存储上可以用一个三维数组来表示，包括 R、G 和 B 三个参数，其中 $0\leqslant R\leqslant 255, 0\leqslant G\leqslant 255, 0\leqslant B\leqslant 255$ ，但是灰度图像与彩色图像又是不一样的。灰度图像是只含亮度信息、不含色彩信息的图像，通常将灰度图存储为 BMP 格式，在灰度图中，三维数组中 R、G、B 的值都是相同的，即颜色数组表示为：(0,0,0),(1,1,1)⋯(255,255,255)，其中(0,0,0)表示全黑色，(255,255,255)表示全白色。数字图像处理，实际上就是根据需要和一定的理论知识，把二维函数图像加以限制或者变换（如加减运算、Fourier 变换、小波变换等），然后将新的函数值（即灰度）作为输出或者将变换后的图像进行某些处理，再反变换回来的过程。本书着重讨论算法，故以灰度图像为操作重点，这些算法很容易推广到彩色图像上去。

图像在采集或者传输过程中，往往会引入不同程度的噪声，这就为后面的边缘检测或者图像分割、形状识别等带来很大的困难。图像复原、图像去噪便成为图像处理中的一个重要组成部分，有着非常重要的研究意义，其主要任务是在去除图像噪声的同时，保持图像的细节信息。但是去除噪声和保持细节往往是一对矛盾，很难做到两者兼顾。为了尽量实现两者的最优化处理效果，众多科研工作者为此做出了很大的努力，目前图像复原的主要算法包括空域复原和频域复原两大策略，空域图像复原是直接在原图像上操作，如点运算（如线性变换法、直方图变换法等）、模板处理（如滤波）等；频域复原是先对原图像进行变换（如 Fourier 变换、小波变换、DCT 变换等），以获取图像的频谱信息，再对频域的图像（即变换后的图像）进行处理，最后反变换回来的过程，如高通滤波器、低通滤波器、小波域滤波器等。空域复原的方法以其简单且容易把握图像的原有信息而备受青睐，而且动态的模板处理简单易行，在移动中更容易控制图像的有用信息，尤其是对于含有噪声的图像处理，只要知道噪声的足够信息，就可以设计出合理的模板加以控制去噪，去噪效果的好坏主要依赖于对噪声类型的把握和滤波器设计的合理与否；频域复原去噪往往是基于傅里叶变换或者小波变换的图像处理过程。

图像复原的基本思路是根据图像退化的原因，从退化的图像中提取有用的信息，建立数学模型，根据该模型沿着图像退化的逆过程来达到图像复原的目的，图像复原的基本任务是消除模糊。实际图像处理时，往往是要设计一个滤波器，从被污染的降质图像 $g(x,y)$ 中计算得到真实图像的估计值，使得该估计值尽可能地以最优化的程度逼近真实图像 $f(x,y)$ 。图像复原是一个求逆问题，其流程图如图 1.1 所示。

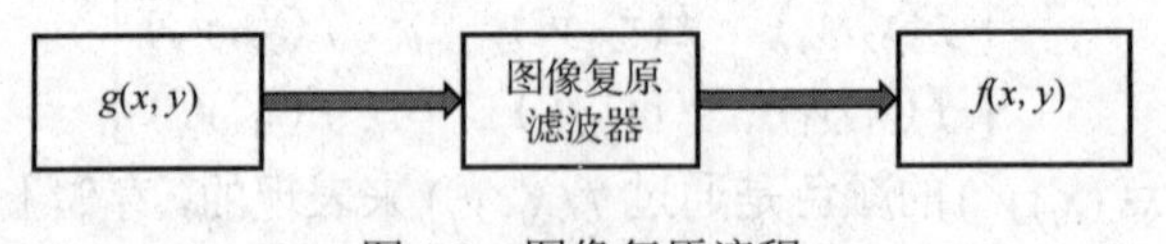

图 1.1　图像复原流程

1.2　图像的噪声分类及噪声模型

1.2.1　噪声分类

实际获得的图像一般都会因为受到某种干扰而含有噪声，产生噪声的原因有：传感器或者电子元件内部由于载荷粒子的随机运动而产生的内部噪声，电器内部一些部件的机械运动所导致的电流变化或电磁场变化产生的噪声，外部的天然磁电或工程磁电通过大气或电源线引入系统内部所产生的外部噪声，照相底片上感光材料的颗粒或磁带磁盘表面的缺陷所引起的噪声，传输通道的干扰及量化噪声和解码误差噪声等。噪声产生的原因决定了噪声分布的特性及它和图像信号的关系，噪声的分类可以按照不同的标准来划分：

（1）基于空间区域分布模型的分类，有 Gaussian 噪声、瑞利噪声、泊松噪声、乘性噪声、脉冲噪声和均匀分布的噪声等。

（2）基于频域谱波形的分类，有均匀分布噪声、白噪声（噪声的功率谱为常数，且与图像线性无关）、$\frac{1}{f}$ 噪声、af^2 噪声等，其中 f 表示噪声频率。

（3）其他的按照空间或者时间上的相关与不相关来分类，按照信号的平稳与否来分类等。

1.2.2 噪声模型

噪声模型是图像退化模型的一种，图像退化的过程可以被模型化为一个退化函数和一个加性噪声项，退化函数展示出图像质量退化的原因，但往往非常复杂，为了处理简单，一般考虑用线性系统加以近似，图像退化模型可分为空域退化模型和频域退化模型两种。

数字图像的噪声主要来源于图像的获取（包括数字化过程）和传输过程，噪声的产生地点和强度都是不确定的，因此需要采用概率分布来描述，即把噪声当作随机变量来处理，且假设噪声独立于空间坐标，且与图像本身无关联。图像的噪声模型，目前研究较多的为高斯噪声模型、脉冲噪声模型及相干斑噪声模型等。

高斯（Gaussian）噪声是指它的概率密度函数是高斯分布（即正态分布）的一类噪声，在生活中极为常见，一般情况下，电阻中随机电子起伏所形成的热噪声可以模拟为加性 Gaussian 噪声。根据中心极限定理，在自然界中，一些现象受到许多相互独立的随机因素的影响，如果每个因素所产生的影响都很微小，那么总的影响的和近似服从正态分布。高斯随机变量的概率密度函数为

$$f(x)=\frac{1}{\sqrt{2\pi}\sigma}\mathrm{e}^{-\frac{(x-\mu)^2}{2\sigma^2}} \tag{1.2.1}$$

式（1.2.1）中，x 表示灰度值，其中 μ 表示灰度值 x 的平均值或者数学期望，其中 σ 表示灰度值 x 的标准差，σ^2 表示灰度值 x 的方差，标准差和方差反映了灰度值的离散程度。

如果一个噪声，它的幅度分布服从高斯分布，而它的功率谱密度又是均匀分布的，则称它为高斯白噪声。高斯白噪声的二阶矩不相关，一阶矩为常数，其产生的原因为图像传感器在拍摄时视场不够明亮、亮度不够均匀；电路中各元器件自身噪声和相互影响；图像传感器长期工作温度过高等。

瑞利（Rayleigh）噪声是基于瑞利分布的噪声模型，瑞利分布是常被用于描述平坦衰落信号接收包络或独立多径分量接收包络统计时变特性的一种分布类型。当一个随机二维向量的两个分量呈独立的、有着相同的方差的正态分布时，这个向量的模呈瑞利分布。瑞利噪声的概率密度函数为：

$$f(x)=\begin{cases}\dfrac{2}{b}(x-a)\mathrm{e}^{\frac{-(x-a)^2}{b}} & x \geqslant a \\ 0 & x < a\end{cases} \tag{1.2.2}$$

瑞利分布的均值和方差分别为 $\mu = a+\sqrt{\dfrac{\pi b}{4}}$，$\sigma^2=\dfrac{b(4-\pi)}{4}$。

值得注意的是，瑞利分布的密度函数在第一象限，距原点的位移及密度函数的图形向右变形，其直方图和密度函数都呈现出右偏的分布，而不是对称分布。

瑞利噪声的 MATLAB 调用格式为：

R = raylrnd（B）

R = raylrnd（B，v）

R = raylrnd（B，m，n）

R = raylrnd（B）返回具有参数 B 的从瑞利分布中选择的随机数矩阵。B 可以是向量、矩阵或多维数组。R 的大小等于 B 的大小。

R = raylrnd（B，v）返回从带有参数 B 的瑞利分布中选择的随机数矩阵，其中 v 是行向量。如果 v 是 1×2 向量，则 R 是具有 v（1）行和 v（2）列的矩阵。如果 v 是 1 乘 n 向量，则 R 是 n 维数组。

R = raylrnd（B，m，n）返回从具有参数 B 的瑞利分布中选择的随机数矩阵，其中标量 m 和 n 是 R 的行和列尺寸。

Lena 图像[见图 1.2（a）]叠加瑞利噪声的代码如下。

```
I=imread('Lena.bmp');
J=im2double(I);
[M,N]=size(J);
a=1;
b=0.1;
B=1;
N_Rayl=a+b*raylrnd(B,M,N);
```

```
J_rayl=J+N_Rayl;
figure,imshow(J_rayl)
```

Lena 图像加入瑞利噪声后的图像如图 1.2（b）所示。

伽马（Erlang）噪声又称为爱尔兰噪声，是噪声分布服从伽马曲线的分布。伽马噪声的概率密度函数为：

$$f(x)=\begin{cases}\dfrac{a^b x^{b-1}}{(b-1)!}\mathrm{e}^{-az} & x\geqslant 0\\ 0 & x<0\end{cases}\qquad a>0,b\in N \tag{1.2.3}$$

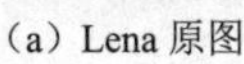

（a）Lena 原图

（b）加入瑞利噪声的图像

图 1.2　Lena 图像叠加瑞利噪声效果

伽马噪声的均值和方差分别为 $\mu=\dfrac{b}{a}$，$\sigma^2=\dfrac{b}{a^2}$。

伽马噪声的实现需要使用 b 个服从指数分布的噪声叠加而成。指数分布的噪声，可以使用均匀分布来实现，当 b=1 时，伽马噪声就是指数噪声了。

伽马噪声的 MATLAB 生成函数为 gamrnd( )。

指数噪声的概率密度函数为

$$f(x)=\begin{cases}a\mathrm{e}^{-ax} & x\geqslant 0\\ 0 & x<0\end{cases},\quad a>0 \tag{1.2.4}$$

指数分布的均值和方差分别为 $\mu=\dfrac{1}{a}$，$\sigma^2=\dfrac{1}{a^2}$。

指数分布噪声的 MATLAB 生成函数为 exprnd( )。

均匀分布噪声是指概率密度函数为均匀分布的噪声，均匀分布的概率密度为

$$f(x)=\begin{cases}\dfrac{1}{b-a} & a\leqslant x\leqslant b\\ 0 & \text{其他}\end{cases} \tag{1.2.5}$$

均匀分布的噪声均值和方差分别为$\mu=\dfrac{a+b}{2}$，$\sigma^2=\dfrac{(b-a)^2}{12}$。

均匀分布噪声的 MATLAB 生成函数为 unifrnd( )。

泊松（Poisson）噪声，是指服从泊松分布的噪声模型，其概率分布律为离散型的泊松分布。服务机构在一定时间内收到的服务请求数，电话交换机某时间段内收到的呼叫数，在汽车某站点上等待的乘客数，机器故障数，长时间段内某地区发生的自然故障数等都服从泊松分布。

在图像生成和传输中，由于光的量子效应，光电探测器表面上的量子到达的数量存在统计波动。因此，图像监测具有颗粒性，这导致图像对比度降低并且图像细节被隐藏，把因为光量子效应而造成的测量不确定性称为图像的泊松噪声。泊松噪声一般在亮度很小或者高倍电子放大线路中出现。

泊松分布噪声的 MATLAB 调用格式为

```
I=imread('X');  J=imnoise(I,'poisson'); 其中 X 为输入图像。
```

绝大多数传感器，与信号伴生的传感器噪声，可以模拟为高斯分布或者泊松分布的随机过程；颗粒噪声可以认为是一种白噪声的过程，在密度域中是高斯分布的加性白噪声，而在强度域中为乘性噪声。

乘性噪声普遍存在于现实世界的图像应用当中，如合成孔径雷达、超声波、激光等相干图像系统当中，它是信道特性随机变化引起的噪声。例如，电离层和对流层的随机变化引起信号不反映任何消息含义的随机变化，而构成对信号的干扰。这类噪声只有在信号出现在上述信道中才表现出来，它不会主动对信号形成干扰，因此称为乘性噪声。与标准加性高斯白噪声相区别，乘性噪声对图像的污染严重，而有效地处理乘性噪声图像比较困难，因为乘性噪声起伏较剧烈，均匀度较低。

椒盐噪声往往在解码误差时产生，表现为图像中出现黑或白的点子，在暗的或者亮的图像区域，这种误差尤其明显，它是由幅度很大的短暂的正值或者负值干扰造成的，实际上是一种脉冲噪声。被椒盐噪声污染的图像通常表现为图像上出现比较亮或比较暗的点，像撒在图像上的胡椒和盐粉，故得名椒盐噪声。椒盐噪声是视觉上感知最明显的一种噪声，噪声脉冲可正可负，每个像素点上的脉冲噪声通常在空间上是不相关的，且与原图像信息无关。椒盐噪声的概率密度为

$$f(x)=\begin{cases}P_a & x=a\\ P_b & x=b\\ 0 & 其他\end{cases} \tag{1.2.6}$$

当图像被椒盐噪声污染时，图像中的噪声灰度值只会出现 a 和 b 两种类型，而这两种噪声灰度值出现的概率分别为 P_a 和 P_b。

若把被噪声污染后的图像记为 $[f_{i,j}]_{m\times n}$，则此时像素点 (i,j) 的灰度值可表示为：

$$f_{i,j}=\begin{cases}n_{i,j} & 有概率p的像素点\\ o_{i,j} & 有概率1-p的像素点\end{cases} \tag{1.2.7}$$

其中 $n_{i,j}$ 表示被噪声污染后的灰度值，$o_{i,j}$ 表示原图像对应像素点的灰度值，p 是一个百分数（$0\leqslant p\leqslant 1$），其大小表征了图像被噪声污染的严重程度。

本书用 MATLAB 软件产生各类模拟噪声，使用的图像全部为 8 位的灰度图像，利用 VC++6.0 和 MATLAB 程序来实现噪声滤波器的设计，进行去噪实验。产生噪声的 MATLAB 代码如下。

I = imread('miss.bmp'); J = imnoise(I,'gaussian',0,0.05);　figure, imshow(I), figure, imshow(J); imwrite(J,'miss 高斯噪声均值 0 方差 0.05.bmp')；%产生均值为 0，方差为 0.05 的高斯噪声并保存噪声图像；

I = imread('miss.bmp'); J = imnoise(I,'speckle',0.1);　figure, imshow(I), figure, imshow(J); imwrite(J,'misscheng0.1.bmp')；%产生 10%的乘性斑点噪声并保存噪声图像；

I = imread('miss.bmp');J = imnoise(I,'salt & pepper',0.05);　figure, imshow(I), figure, imshow(J);imwrite(J,'miss 椒盐 0.05.bmp')；%产生 5%的椒盐脉冲噪声并保存噪声图像。

图 1.3 显示了被常见的高斯（Gaussian）噪声、乘性斑点噪声、椒盐脉冲噪声污染后的效果。

（a）Lena 原图

（b）加入均值为 0、方差为 0.05 的 Gaussian 噪声的图像

图 1.3　Lena 加入几种噪声效果图

（c）加入10%的乘性斑点噪声的图像

（d）加入5%的椒盐脉冲噪声的图像

图1.3　Lena加入几种噪声效果图（续）

从图1.2和图1.3可以在视觉上感知，噪声对图像的破坏比较明显，但由于噪声分布是随机的，看不出明显的规律。噪声对图像产生的许多破坏效果，主要有以下两方面的影响。

第一，影响主观视觉效果。受噪声污染的图像往往会变得视觉效果很差，严重时甚至人眼难以辨别某些细节。人眼对图像噪声，尤其是图像平坦区的噪声非常敏感。

第二，使图像的中层信息与高层知识处理无法继续进行。噪声会降低图像低层数据处理的质量和精度。如许多边缘检测算法在有噪声干扰的情况下，检测效果会变差。

由于噪声的随机性及图像信号在空间和时间上的相关性，噪声对某一个像素点的影响将使它的灰度与邻域像素的灰度或者帧间对应点的灰度显著不同，根据这一点及各种噪声本身的特性，可以设计出很多图像去噪、图像复原的算法。

1.3　图像去噪复原的主要方法

1.3.1　空域和频域

降质图像复原的过程可划分为3个主要步骤，即构建图像降质模型、设计降质图像复原模型及算法、评价降质图像复原质量。而降质图像复原的方法按滤波方式不同可划分为：频域复原方法和空域复原方法。

频域处理方法主要是通过傅里叶变换或者小波变换，将图像变换到频域，然后根据图像噪声频率的范围，来构造适当的频域低通滤波器对噪声进行去噪处理。空域处理方法是在图像本身存在的二维空间里对含噪声图像进行处理，主要根据各种平滑函数对噪声图像进行卷积处理，以达到滤波的目的。

1.3.2　线性和非线性

根据不同的性质，空域滤波算法可以分为线性滤波算法和非线性滤波算法两大类，前者的理论相对发展成熟，以局部均值为代表的线性滤波算法可以有效地去除高斯噪声，对加性高斯噪声有较好的平滑作用，对滤除与信号无关的随机噪声具有较好的效果；以局部中值为代表的非线性滤波算法通常是依据输入的信号序列把一些特定的噪声近似地映射为零，从而可以保留信号的原有信息，这样可以在最佳滤波准则下提高图像的边缘保护能力，有效地滤除脉冲噪声。但是，在滤除噪声的同时它们本身又存在很多的缺陷，如线性滤波器在处理脉冲信号与噪声频谱混叠时的效果很不理想，且线性滤波很容易破坏图像的边缘细节信息；虽然非线性滤波能够较好地保持图像的边缘细节，在某种程度上克服了线性滤波的不足，但对于随机分布的噪声其滤波效果很差。

1.3.3　综合方法

近年来，国内外很多学者一直致力于这两种滤波器的研究改进工作，已经取得了许多成果。如国外由 A.Buades 提出的非局部均值滤波算法、Tomasi.C、Elad.M 和 Paris.S 等人提出的 Bilateral filtering 方法在去除高斯噪声方面取得了较好的效果，Fusso.F 提出了一种基于噪声估计的高斯噪声滤波器；国内胡浩提出了自适应模糊加权均值滤波器，这是基于模糊隶属度函数对均值滤波器的权值加以优化的思想；张宇等人提出了自适应中心加权的改进均值滤波算法。在去除脉冲噪声方面，R.H.Chan 等提出了去除随机强度的脉冲噪声滤波器。S. Zhang and M. A. Karim 提出了基于噪声检测的开关中值滤波。随后又有很多改进的中值滤波算法等。此外，很多学者提出了基于模糊集理论和神经网络原理的新型滤波器，如 F. Russo 提出的利用递归模糊神经方法去除噪声的滤波器；S. Hore 等提出的基于模糊噪声检测的彩色图像向量滤波器；刘普寅、李洪兴提出的基于模糊神经网络的图像恢复技术；H. Xu、G. Zhu 等提出的自适应模糊开关滤波器；S. Schulte、M. Nachtegael 等提出的脉冲噪声的模糊检测和滤波等。而基于神经网络、深度学习等的图像复原、图像去噪方法也不断涌现。目前的图像复原、图像去噪的方法可用图 1.4 来展示。

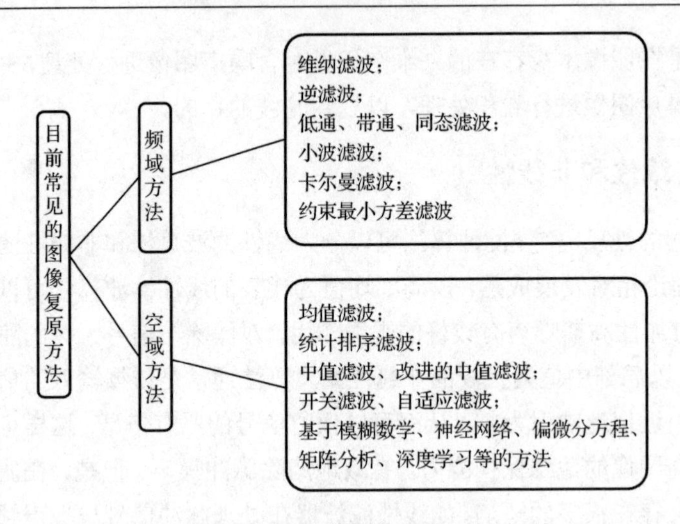

图 1.4　常见的图像复原方法

1.4　图像质量评价方法

图像复原，是使得复原后的图像尽可能地接近原始图像。为了检验图像复原的好坏，需要有合理的图像质量评价方法。而图像质量的含义包含两个方面：一是图像的逼真度，即复原后图像与原标准图像的相似程度；二是图像的可读懂度，是指恢复后的图像向人或机器提供信息的能力。

目前，常用的图像质量评价方法主要有主观评价法和客观评价法两种。

1.4.1　主观评价法

主观评价方法是基于观察者的主观感受来评价图像质量，即让观察者根据视觉效果的质量对同一图像评分，并对平均评分进行加权测算。它主要依靠人眼进行观察，并使用平均意见评分法来判断图像的质量。

基本步骤是：首先将图像呈现给一组观察者进行查看，然后观察者根据自己的判断对图像质量进行评分，然后使用某种数据处理方法（如拟合、绘制等）对大量评分数据进行处理，以评估图像的主观质量，以及图像质量的平均得分或标准偏差。

尽管主观方法是最可靠的，但是主观方法需要多次重复评估，既费时又费力，而且容易受到观察者的个人情感和偏好的影响，难以在实践中应用。

客观的评估方法是使用恢复图像偏离原始图像的误差，以测量还原后图像的质量。由于主观评价方法的测量指标难以量化，因此通常使用的图像复原或滤波器评价方法大多是客观评价方法。

1.4.2　客观评价法

客观评价方法分为两类：一类是基于纯像素点间误差的评价方法，另一类是基于图像间结构相似度的评价方法。

设 $O_{i,j}$ 和 $I_{i,j}$ 分别表示原始图像的像素灰度值和退化图像经过处理后的像素灰度值，m、n 表示图像的高度和宽度。基于纯像素点间误差的滤波器的性能或者图像恢复的优劣可以用以下几个客观指标来衡量。

（1）均方误差（mean square error，MSE)，又称均方差：

$$\text{MSE}=\frac{1}{m\times n}\sum_{i}\sum_{j}(O_{i,j}-I_{i,j})^2 \tag{1.4.1}$$

（2）峰值信噪比（peak signal to noise ratio，PSNR）：

$$\text{PSNR}=10\lg\left(\frac{\max_I^2}{\text{MSE}}\right) \tag{1.4.2}$$

其中 $\max_I$ 表示图像可能的最大像素值， 如果每个像素都由 8 位二进制码来表示，$\max_I$ 就为 255。如果像素值由 B 位二进制来表示，那么 $\max_I=2^B-1$。对于浮点型数据，最大像素值为 1。

上面是针对灰度图像的计算方法，如果是彩色图像，通常有三种方法来计算 PSNR：

① 分别计算 RGB 三个通道的 PSNR，然后取平均值；

② 计算 RGB 三通道的 MSE，然后再除以 3；

③ 将图片转化为 YCbCr 格式，然后只计算 Y 分量也就是亮度分量的 PSNR。

第②和第③种方法比较常见。MSE 越小，说明恢复的图像与原图像越接近，即图像处理的效果越好；PSNR 越大，说明图像的视觉效果越好，图像恢复得越好。

（3）信噪比（signal-to-noise ratio，SNR)：

$$\text{SNR}=10\lg\left(\frac{P_{\text{s}}}{P_{\text{n}}}\right)$$

其中 P_{s} 和 P_{n} 分别代表信号和噪声的有效功率。

图像的信噪比等于图像信号与噪声信号的功率谱之比，但通常功率谱难以计算，故常用信号与噪声的方差之比来估计图像信噪比。首先计算图像所有像素的局部方差，将局部方差的最大值认为是信号方差，最小值是噪声方差，求出它们的比值，再转成dB数，最后用经验公式修正，具体参数请参看“反卷积与信号复原”（邹谋炎）。

（4）平均绝对误差（mean absolute error，MAE)：

$$\text{MAE}=\frac{1}{m\times n}\sum_i\sum_j|O_{i,j}-I_{i,j}| \tag{1.4.3}$$

（5）标准均方误差（normal mean square error，NMSE）：

$$\text{NMSE}=\frac{\sum_i\sum_j(O_{i,j},I_{i,j})^2}{\sum_i\sum_j(O_{i,j})^2} \tag{1.4.4}$$

（6）标准平均绝对误差（normal mean absolute error，NMAE）：

$$\text{NMAE}=\frac{\sum_i\sum_j|O_{i,j}-I_{i,j}|}{\sum_i\sum_j O_{i,j}} \tag{1.4.5}$$

容易看出，式（1.4.3）～式（1.4.5）的值越大，说明图像恢复的效果越好，设计的滤波器性能越好。

（7）图像信噪比改善因子 R：

$$R=10\lg\frac{\sum_{i=1}^{m}\sum_{j=1}^{n}(O_{i,j}-I_{i,j})^2}{\sum_{i=1}^{m}\sum_{j=1}^{n}(X_{i,j}-I_{i,j})^2}; \tag{1.4.6}$$

式中，$O_{i,j}$和$I_{i,j}$及$X_{i,j}$分别表示原始标准图像的像素灰度值和退化图像经过处理后的像素灰度值及加入噪声后的图像灰度值。若 R 为负值，则说明滤波后的噪声被抑制；R 越小说明滤波后的效果越好。

（8）图像间结构相似度的评价方法（Structural Similarity Between Images，SSIM）：

SSIM 的输入是两张图像，其中一张是原始无失真图像，记为 x，另一张就是图像复原后恢复出的图像，记为 y，用 u_x，u_y，σ_x^2，σ_y^2，σ_{xy} 分别表示图像 x 和 y 的均值和方差及 x 与 y 的协方差。

$$\text{SSIM}(x,y)=l(x,y)^{\alpha}c(x,y)^{\beta}s(x,y)^{\gamma} \tag{1.4.7}$$

式中，

$$l(x,y)=\frac{2u_xu_y+c_1}{u_x^2+u_y^2+c_1}$$

$$c(x,y)=\frac{2\sigma_x\sigma_y+c_2}{\sigma_x^2+\sigma_y^2+c_2}$$

$$s(x,y)=\frac{\sigma_{xy}+c_3}{\sigma_x\sigma_y+c_3}$$

$$\sigma_{xy}=\frac{1}{N-1}\sum_{i=1}^{N}(x_i-u_x)(y_i-u_x)$$

c_1、c_2、c_3 是比较小的正常数，用来调整分母以防 $\mathrm{SSIM}(x,y)$ 算式出现分母为零的情况，SSIM 从亮度 $l(x,y)$、对比度 $c(x,y)$ 和结构 $s(x,y)$ 三个层面的组合来评价图像复原程度，其中结构因素占主要比重。当 $\alpha=\beta=\gamma=1, c_3=c_2/2$ 时，得

$$\mathrm{SSIM}(x,y)=\frac{(2u_x u_y+c_1)(2\sigma_x\sigma_y+c_2)}{(u_x^2+u_y^2+c_1)(\sigma_x^2+\sigma_y^2+c_2)} \tag{1.4.8}$$

SSIM 在算法实现时，先计算图像内各图像片的值，然后取图像中所有图像片值的均值作为整幅图像的 SSIM 值；或者用高斯函数计算图像的均值、方差及协方差。高斯函数法更为常用，效率更高。

SSIM 越大表示输出图像和无失真图像的差距越小，即图像恢复的质量越好。当两幅图像一模一样时，SSIM=1。由于此算法简单、准确性较好，受到国内外学者的广泛关注，是目前图像客观评价的主要方法之一。

1.4.3　无参照的图像质量评价法

在图像复原的在评价中，某些特殊情况下无法找到原始图像，如航空拍摄的运动模糊图像，就不存在原始清晰的图像，这就需要采用无参照的图像质量评价方法。无参照的图像质量评价方法常用的有：灰度平均梯度值方法（Gray Mean Grads，GMG），拉普拉斯算子和方法（Laplacian）。

1．灰度值平均梯度法

灰度平均梯度值方法（GMG）是分别将图像长度和宽度方向上的相邻像素灰度值做差后求平方和，再求均方根值，它能较好地反映图像的对比度和纹理变化特征，其值越大表示图像越清晰，图像质量越好。

$$\begin{aligned}\mathrm{GMG}&=\frac{1}{(m-1)(n-1)}\sum_{i=1}^{m-1}\sum_{j=1}^{n-1}\sqrt{\frac{\Delta_x^2+\Delta_y^2}{2}}\\&=\frac{1}{(m-1)(n-1)}\sum_{i=1}^{m-1}\sum_{j=1}^{n-1}\sqrt{\frac{[g(i,j+1)-g(i,j)]^2+[g(i+1,j)-g(i,j)]^2}{2}}\end{aligned} \tag{1.4.9}$$

2．拉普拉斯算子和方法

拉普拉斯算子和方法，是对每一个像素在 3×3 的邻域内采用拉普拉斯算子得到 8 邻域的微分值，然后在图像范围内求和，表达式如下：

$$\mathrm{LS}=\frac{\displaystyle\sum_{i=2}^{m-1}\sum_{j=2}^{n-1}\left|\begin{matrix}g(i,j)-g(i,j-1)-g(i-1,j)-g(i+1,j)-g(i,j+1)\\-g(i-1,j-1)-g(i-1,j+1)-g(i+1,j-1)-g(i+1,j+1)\end{matrix}\right|}{(m-2)(n-2)} \tag{1.4.10}$$

一般图像越清晰，轮廓越鲜明，则每一像素附近的灰度值变化越大，LS 值就越大。

近年来，一些基于人的视觉系统的新的评价方法也不断被提出和研究，如基于视觉特性和自然场景统计特性的图像质量评价方法，基于结构相似度与其他算法融合的质量评价方法，基于局部视觉特征的图像质量评价方法，以及基于深度学习的图像质量评价方法等，将主客观因素相融合，达到了较好的图像质量评价效果。

1.5 本章小结

本章首先介绍了数字图像处理及图像复原的概念、原理；接下来是图像的噪声模型及噪声分类，对常见噪声产生原因及噪声的数学模拟函数给出了解析；从空域和频域、线性与非线性两个方面给出图像复原的常用方法，并进一步给出综合方法的归类；最后介绍了图像复原质量评价的方法，主要涉及主观评价法、客观评价法、无参照图像的图像质量评价法等。

第2章　理论基础

2.1　模糊数学的有关理论

2.1.1　特征函数

对于论域 U 的任意一个元素 u 与一个集合 $\boldsymbol{A}$，它们之间的关系只能是 $u \in \boldsymbol{A}$ 或者 $u \notin \boldsymbol{A}$，二者必具且只能具其一。若用函数表示，则有

$$x_A(u)=\begin{cases}1 & \text{当} u \in \boldsymbol{A} \\ 0 & \text{当} u \notin \boldsymbol{A}\end{cases} \tag{2.1.1}$$

式中 x_A 称为集合 $\boldsymbol{A}$ 的特征函数，它刻画了集合 $\boldsymbol{A}$ 的元素的隶属情况，又称为 $\boldsymbol{A}$ 的隶属函数，可以直观地用图 2.1 来表示。

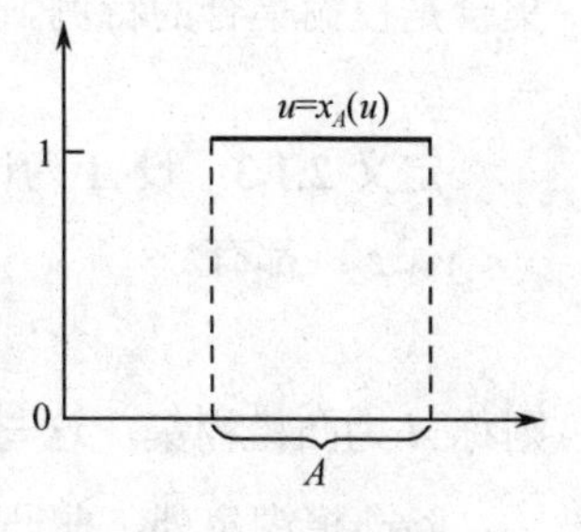

图 2.1　特征函数图

x_A 在 u 处的值 $x_A(u)$ 称为 u 对 $\boldsymbol{A}$ 的隶属（程）度，当 $u \in \boldsymbol{A}$ 时，u 的隶属度 $x_A(u)=1$（或者 100%），表示 u 绝对隶属于 $\boldsymbol{A}$；当 $u \notin \boldsymbol{A}$ 时，u 的隶属度 $x_A(u)=0$，表示 u 绝对不隶属于 $\boldsymbol{A}$。

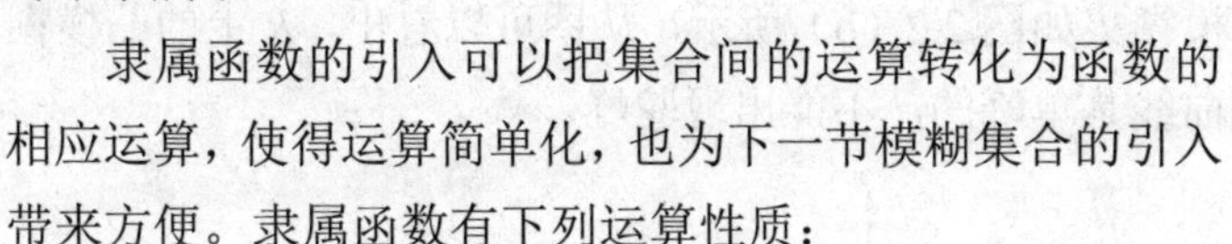

隶属函数的引入可以把集合间的运算转化为函数的相应运算，使得运算简单化，也为下一节模糊集合的引入带来方便。隶属函数有下列运算性质：

（1）$\boldsymbol{A} \subseteq \boldsymbol{B} \Leftrightarrow x_A(u) \leqslant x_B(u)$；

（2）$x_{A \cup B}=\max(x_A(u), x_B(u))$；

（3）$x_{A \cap B}=\min(x_A(u), x_B(u))$；

（4）$x_{A^c}(u)=1-x_A(u)$，其中 A^c 表示 $\boldsymbol{A}$ 的补集。

2.1.2　模糊集合的有关概念

1．有关概念

为了定量刻画模糊性的事物，1965 年，美国著名应用数学家扎德（L.A.Zadeh）

引入了模糊集合的概念，其将普通集合中的绝对隶属关系加以扩充，使得元素对“集合”的隶属度 $x_A(u)$ 由只能取 0 和 1 推广到可以取[0,1]中的任意数值。此时，我们把 $\boldsymbol{A}$ 的隶属函数 x_A 改写成 $\mu_{\underset{\sim}{A}}$。

定义 2.1.1 如果论域 $\boldsymbol{U}$ 中的任意元素 u 对 $\boldsymbol{A}$ 的隶属函数 $\mu_{\underset{\sim}{A}}$ 在 u 上都对应一个 $\mu_{\underset{\sim}{A}}(u)$，且 $\mu_{\underset{\sim}{A}}(u)$ 满足

$$0 \leqslant \mu_{\underset{\sim}{A}}(u) \leqslant 1 \tag{2.1.2}$$

即 $\mu_{\underset{\sim}{A}}(u) \in [0,1]$，则说隶属函数 $\mu_{\underset{\sim}{A}}$ 确定了论域 $\boldsymbol{U}$ 上的一个模糊子集 $\underset{\sim}{\boldsymbol{A}}$，简称模糊集 $\underset{\sim}{\boldsymbol{A}}$。

$\mu_{\underset{\sim}{A}}(u)$ 称为 u 对模糊集 $\underset{\sim}{\boldsymbol{A}}$ 的隶属度，其大小反映了 u 对于模糊集 $\underset{\sim}{\boldsymbol{A}}$ 的隶属程度，$\mu_{\underset{\sim}{A}}(u)$ 越接近于 1，表示 u 隶属于 $\underset{\sim}{\boldsymbol{A}}$ 的程度越高；$\mu_{\underset{\sim}{A}}(u)$ 越接近于 0，表示 u 隶属于 $\underset{\sim}{\boldsymbol{A}}$ 的程度越低。

定义 2.1.2 论域 $\boldsymbol{U}$ 上的一切模糊子集所构成的集合，称为模糊幂集，记作 F（$\boldsymbol{U}$），$\underset{\sim}{\boldsymbol{A}} \in F(\boldsymbol{U})$ 表示 $\underset{\sim}{\boldsymbol{A}}$ 是 $\boldsymbol{U}$ 上的一个模糊子集。当 $\underset{\sim}{\boldsymbol{A}}$ 的隶属函数 $\mu_{\underset{\sim}{A}}$ 的值只取 0 或 1 时，$\mu_{\underset{\sim}{A}}$ 便是一个普通集合的特征函数 x_A，此时 $\underset{\sim}{\boldsymbol{A}}$ 是一个普通集合 $\boldsymbol{A}$，即普通集合是模糊集合的特例，有

$$P(\boldsymbol{U}) \subseteq F(\boldsymbol{U}) \tag{2.1.3}$$

定义 2.1.3 设 $\underset{\sim}{\boldsymbol{A}}$ 为论域 $\boldsymbol{U}$ 上的模糊集，$\boldsymbol{U}$=R，R 为实数域，如果对任意实数 $x < y < z$，都有

$$\mu_{\underset{\sim}{A}}(y) \geqslant \min(\mu_{\underset{\sim}{A}}(x), \mu_{\underset{\sim}{A}}(z)) \tag{2.1.4}$$

则称 $\underset{\sim}{\boldsymbol{A}}$ 为凸模糊集，这与数学分析中凸函数的定义十分类似，如图 2.2（a）所示。

除凸模糊集外，非凸模糊集如图 2.2（b）所示，从图可以看出，R 上的凸模糊集实质上说明其隶属函数曲线是单峰的，不能出现驼峰。

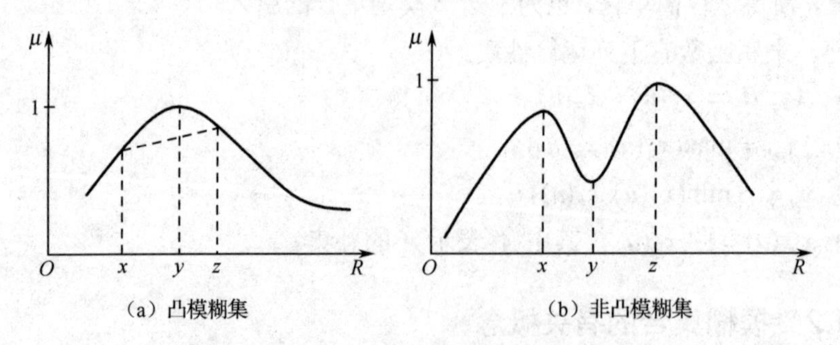

（a）凸模糊集　　（b）非凸模糊集

图 2.2 凸模糊集与非凸模糊集隶属函数图

定义 2.1.4 具有连续隶属函数 $\mu_{\underset{\sim}{A}}(u)$ 的凸模糊集 $\underset{\sim}{\boldsymbol{A}}$，称为一个模糊数。模糊数具有以下几个常用的性质：

（1）模糊数 $\underset{\sim}{A}$ 的隶属函数 $\mu_{\underset{\sim}{A}}(u)$ 必有最大值（闭区间上连续函数的性质）；

（2）模糊数 $\underset{\sim}{A}$ 必为凸模糊子集合；

（3）模糊数 $\underset{\sim}{A}$ 的支集 $\mathrm{Supp}\,\underset{\sim}{A}=\{\mu_{\underset{\sim}{A}}(u)>0\}$ 必为一个闭区间。

2．模糊集的表示

模糊集一般可用下列方法来表示。

（a）写成元素及其隶属度的二元组的形式：

$$\underset{\sim}{A}=\{(u,\mu_{\underset{\sim}{A}}(u))\,|\,u\in \boldsymbol{U}\} \tag{2.1.5}$$

（b）写成元素与隶属度的和的形式（扎德表示法）：

$$\underset{\sim}{A}=\mu_{\underset{\sim}{A}}(u_1)/u_1+\mu_{\underset{\sim}{A}}(u_2)/u_2+\cdots+\mu_{\underset{\sim}{A}}(u_n)/u_n \tag{2.1.6}$$

或

$$\underset{\sim}{A}=\sum_{i=1}^{n}\mu_{\underset{\sim}{A}}(u_i)/u_i \tag{2.1.7}$$

当 $\boldsymbol{U}$ 为连续域时，则记为积分的形式：

$$\underset{\sim}{A}=\int_{\boldsymbol{U}}\mu_{\underset{\sim}{A}}(u)/u \tag{2.1.8}$$

2.1.3　模糊性的度量

1．模糊度

模糊度是用于刻画论域上的一个模糊集 $\underset{\sim}{A}$ 的模糊程度的量，记为 $d(\underset{\sim}{A})$，它应该满足以下条件：

（1）$d(\underset{\sim}{A})=0$，当且仅当 $\underset{\sim}{A}$ 的模糊度为零；

（2）$d(\underset{\sim}{A})=1$ 时，对于任意的 $u\in\boldsymbol{U}$，当且仅当 $\mu_{\underset{\sim}{A}}(u)=0.5$ 时，模糊集 $\underset{\sim}{A}$ 最模糊；

（3）设 $\underset{\sim}{A}$，$\underset{\sim}{B}$ 是论域 $\boldsymbol{U}$ 上的两个模糊集，如果对于任意的 $u\in\boldsymbol{U}$，有 $\mu_{\underset{\sim}{A}}(u)\geqslant\mu_{\underset{\sim}{B}}(u)\geqslant 0.5$，或 $\mu_{\underset{\sim}{A}}(u)\leqslant\mu_{\underset{\sim}{B}}(u)\leqslant 0.5$，则 $d(\underset{\sim}{A})\leqslant d(\underset{\sim}{B})$，即隶属函数值越靠近 0.5 模糊度越大；

（4）模糊集 $\underset{\sim}{A}$ 与其补集 $\underset{\sim}{A}^c$ 的模糊度相同，即 $d(\underset{\sim}{A})=d(\underset{\sim}{A}^c)$；

（5）任意的两个模糊集 $\underset{\sim}{A}$、$\underset{\sim}{B}$ 进行交并运算后，其模糊度运算规律可用下式描述

$$d(\underset{\sim}{A}\cap\underset{\sim}{B})+d(\underset{\sim}{A}\cup\underset{\sim}{B})=d(\underset{\sim}{A})+d(\underset{\sim}{B}) \tag{2.1.9}$$

常用的模糊度有以下几种。

（a）模糊指标

设 $\underset{\sim}{A}$ 是论域 $\boldsymbol{U}$ 上的模糊集，$\boldsymbol{U}=\{u_1,u_2,\cdots,u_n\}$，对于任意的 $\mu_{\underset{\sim}{A}}(u)\in[0,0.5]$，记

$$d(\underset{\sim}{A})=K(\underset{\sim}{A})\triangleq\frac{2}{n}\sum_{i=1}^{n}|\mu_{\underset{\sim}{A}}(u_i)-\mu_{A_{0.5}}(u_i)| \tag{2.1.10}$$

则 $K(\underset{\sim}{A})$ 称为模糊集 $\underset{\sim}{A}$ 的模糊指标。其中，$\underset{\sim}{A}$ 为区别于一般集合的模糊集；$\mu_{\underset{\sim}{A}}(u)$ 称为 μ 对于模糊集 $\underset{\sim}{A}$ 的隶属度，其大小反映了 u 对于模糊集 $\underset{\sim}{A}$ 的隶属程度；$A_{0.5}=\{u\mid\mu_{\underset{\sim}{A}}(u)\geqslant 0.5,u\in\boldsymbol{U}\}$。

（b）模糊熵

设 $\underset{\sim}{A}$ 是论域 $\boldsymbol{U}=\{u_1,u_2,\cdots,u_n\}$ 的模糊集，记

$$H(\underset{\sim}{A})\triangleq k\sum_{i=1}^{n}S(\mu_{\underset{\sim}{A}}(u_i)) \tag{2.1.11}$$

则 $H(\underset{\sim}{A})$ 称为模糊集 $\underset{\sim}{A}$ 的模糊熵，其中

$$k=\frac{1}{n\ln 2}$$

而 $S(x)$ 是香农函数：

$$S(x)=-x\ln x-(1-x)\ln(1-x) \tag{2.1.12}$$

（c）Yager 的测量函数[12]

定义

$$D_p(\underset{\sim}{A},\underset{\sim}{A}^c)=\left[\sum_{i=1}^{n}|\mu_{\underset{\sim}{A}}(u_i)-\mu_{\underset{\sim}{A}^c}(u_i)|^p\right]^{\frac{1}{p}} \tag{2.1.13}$$

其中 p 可以取 $1,2,\cdots$，则

$$f_p(\underset{\sim}{A})=1-D_p(\underset{\sim}{A},\underset{\sim}{A}^c)/|S(\underset{\sim}{A})| \tag{2.1.14}$$

称为模糊集 $\underset{\sim}{A}$ 的模糊度的测量，其中 $|S(\underset{\sim}{A})|$ 是模糊集 $\underset{\sim}{A}$ 的支集 $S(\underset{\sim}{A})$ 的元素个数。

2．模糊集之间的距离

距离是度量两模糊集接近程度的数量指标。距离的定义有很多种，它们各有利弊，常用的主要有海明（Hamming）距离、欧几里得（Euclid）距离、闵可夫斯基（Minkowski）距离，以及如下形式的距离：

设 $\underset{\sim}{A},\underset{\sim}{B}$ 是 $\boldsymbol{U}=\{u_1,u_2,\cdots,u_n\}$ 上的模糊集，则 $\underset{\sim}{A},\underset{\sim}{B}$ 的距离可以定义为

$$d(\underset{\sim}{A},\underset{\sim}{B})=\frac{\sum_{i=1}^{n}|\mu_{\underset{\sim}{A}}(u_i)-\mu_{\underset{\sim}{B}}(u_i)|}{\sum_{i=1}^{n}|\mu_{\underset{\sim}{A}}(u_i)+\mu_{\underset{\sim}{B}}(u_i)|} \tag{2.1.15}$$

当 $\boldsymbol{U}=[\alpha,\beta]$ 是实数轴上的有限闭区间时，则有

$$d(\underset{\sim}{A},\underset{\sim}{B})=\frac{\int_{\alpha}^{\beta}|\mu_{\underset{\sim}{A}}(u)-\mu_{\underset{\sim}{B}}(u)|\mathrm{d}u}{\int_{\alpha}^{\beta}|\mu_{\underset{\sim}{A}}(u)+\mu_{\underset{\sim}{B}}(u)|\mathrm{d}u} \tag{2.1.16}$$

3．贴近度

贴近度是也是度量两模糊集接近程度的数量指标，在模糊模式识别方法中采用贴近度的大小识别待判别模糊子集的模式类别。为衡量待识别子集的类别，需要判别各个阶段与标杆模糊集合之间的相对贴近程度。常用的贴近度是基于模糊集之间的距离而定义的贴近度，如海明贴近度、欧氏贴近度、闵可夫斯基贴近度等；比较经典的贴近度还有黎曼贴近度、最大最小贴近度、算术平均最小贴近度等，具体算式请参阅相关文献。

格贴近度由我国著名学者汪培庄最早提出，它能比较好地度量两个模糊集的接近程度，尤其当论域 $\boldsymbol{U}$ 为无限集时，具有很大应用价值。例如当两个模糊集为 R 上的正态性集合时，格贴近度的计算会方便很多。下面是格贴近度的定义：

设 $\underset{\sim}{\boldsymbol{A}}$与$\underset{\sim}{\boldsymbol{B}}$ 是论域 $\boldsymbol{U}$ 上的模糊集，记

$$\mu_{\underset{\sim}{A}\otimes\underset{\sim}{B}}(u)=\bigvee_{u\in U}(\mu_{\underset{\sim}{A}}(u)\wedge\mu_{\underset{\sim}{B}}(u))$$

$$\mu_{\underset{\sim}{A}\odot\underset{\sim}{B}}(u)=\bigwedge_{u\in U}(\mu_{\underset{\sim}{A}}(u)\vee\mu_{\underset{\sim}{B}}(u))$$

分别叫作 $\underset{\sim}{\boldsymbol{A}}$与$\underset{\sim}{\boldsymbol{B}}$ 的内积和外积。则

$$\sigma(\underset{\sim}{A},\underset{\sim}{B})=(\underset{\sim}{A}\otimes\underset{\sim}{B})\wedge(1-\underset{\sim}{A}\odot\underset{\sim}{B}) \tag{2.1.17}$$

称为模糊集 $\underset{\sim}{\boldsymbol{A}}$与$\underset{\sim}{\boldsymbol{B}}$ 的格贴近度。

贴近度是模糊模式识别中一个重要的概念，在模糊模式识别中，按某种特性来比较两个模糊集时，常用贴近度来表示比较的结果，目前贴近度已在模式识别与情报检索、图像处理、模糊控制等领域中有着广泛的应用。但使用时要注意贴近度的各种形式的选择，不同的贴近度形式会直接影响到解决问题的效果和效率。

2.2 傅里叶变换的相关知识

2.2.1 傅里叶变换的原理和性质

傅里叶变换即 Fourier 变换，简称 DFT 变换，是把满足某些条件的函数表示为三角函数（正弦和/或余弦函数）或它们的积分的线性组合，傅里叶变换是对傅里叶级数控制到有限的有限序列长后的离散化。

傅里叶级数和傅里叶变换的基本思想最早由法国著名数学家傅里叶在对热过

程进行分析时提出，他研究发现满足一定条件的函数通过一定的分解，可延拓为周期为l的函数，进一步能展开成为傅里叶级数，即

$$f(x)=\frac{a_0}{2}+\sum_{n=1}^{\infty}\left(a_n\cos\frac{n\pi x}{l}+b_n\sin\frac{n\pi x}{l}\right)$$

其中系数a_n,b_n为

$$a_n=\frac{1}{l}\int_{-l}^{l}f(x)\cos\frac{n\pi x}{l}\mathrm{d}x,\qquad (n=0,1,2,\cdots)$$

$$b_n=\frac{1}{l}\int_{-l}^{l}f(x)\sin\frac{n\pi x}{l}\mathrm{d}x,\qquad (n=1,2,\cdots)$$

而正弦、余弦函数在物理学上是简谐波的函数表现形式，又基于后续对傅里叶级数的深入研究，发现傅里叶级数有很多优秀的性质，故应用范围越来越广泛。在不同的研究领域，傅里叶变换有许多不同的应用形式，傅里叶变换分为连续傅里叶变换和离散傅里叶变换两种。

在数字图像处理中，傅里叶变换主要应用于对图像的去噪、图像增强、图像压缩、图像加密等方面，用来实现从空域到频域，频域内做某些图像处理后，再傅里叶反变换到空域，以达到预期的图像处理效果。

1. 一维 DFT 变换

记一元连续函数$f(x)$的傅里叶变换$F(u)$，则

$$F(u)=\int_{-\infty}^{\infty}f(x)\mathrm{e}^{-\mathrm{j}2\pi ux}\mathrm{d}x$$

$F(u)$的傅里叶反变换为

$$f(x)=\int_{-\infty}^{\infty}F(u)\mathrm{e}^{\mathrm{j}2\pi ux}\,\mathrm{d}u$$

通常对连续函数$f(x)$进行等间隔采样，设采样了N的样本，则离散序列可表示为$\{f(0),f(1),\cdots,f(N-1)\}$，记$x$为离散实变量，$u$为离散频率变量。

定义 2.2.1　一维离散傅里叶变换定义为

$$F(u)=\sum_{x=0}^{N-1}f(x)\mathrm{e}^{-\mathrm{j}2\pi ux/N},\quad u=0,1,2,\cdots,N-1 \tag{2.2.1}$$

一维离散傅里叶变换$F(u)$的反变换为

$$f(x)=\frac{1}{N}\sum_{x=0}^{N-1}F(u)\mathrm{e}^{\mathrm{j}2\pi ux/N},\quad x=0,1,2,\cdots,N-1 \tag{2.2.2}$$

图 2.3 解析了一维信号在时域和频域的信息分布特征，从频域中能看到信号丰富的信息，如频谱、相位角等。

由欧拉公式得：

$\mathrm{e}^{-\mathrm{j}2\pi ux/N}=\cos\left(\frac{2\pi ux}{N}\right)-\mathrm{j}\sin\left(\frac{2\pi ux}{N}\right)$，其中 j 为虚数。

故一般情况下，$F(u)$ 都是以复数形式展现的，可以写成

$$F(u)=R(u)+\mathrm{j}I(u) \tag{2.2.3}$$

或指数形式

$$F(u)=|F(u)|\,\mathrm{e}^{\mathrm{j}\phi(u)} \tag{2.2.4}$$

其中

$$|F(u)|=\sqrt{R^2(u)+I^2(u)},\ \phi(u)=\arctan[I(u)/R(u)] \tag{2.2.5}$$

称 $|F(u)|$ 为傅里叶频谱，$\phi(u)$ 为相位角，频谱的平方 $F^2(u)=R^2(u)+I^2(u)$ 称为 $f(x)$ 的功率谱。

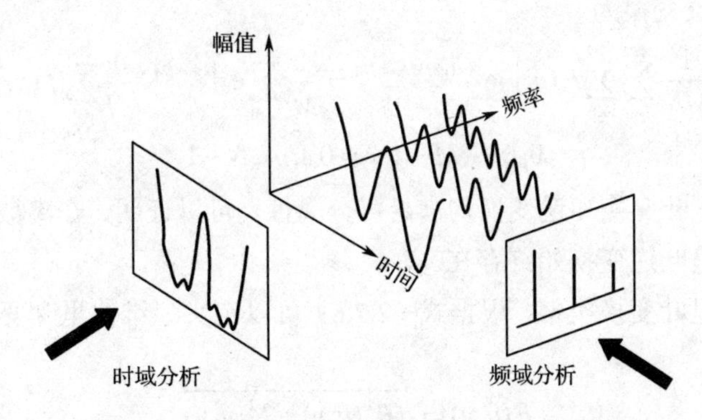

图 2.3　一维信号在时域和频域的信息分布特征

2．二维傅里叶变换

在图像处理中，常用长方形网格对连续的图像采样，使得图像离散化。设一个图像尺寸为 $M\times N$，在坐标 (x,y) 点的灰度值函数为 $f(x,y)$，则它的离散化矩阵为

$$[f]=\begin{bmatrix} f(0,0) & f(0,1)\cdots f(0,N-1) \\ f(1,0) & f(1,1)\cdots f(1,N-1) \\ \vdots & \ddots \quad \vdots \\ f(M-1,0) & f(M-1,1)\ f(M-1,N-1) \end{bmatrix}_{M\times N}$$

二维离散傅里叶变换定义为用两个可逆矩阵 $[P]_{M\times M},[Q]_{N\times N}$ 左右乘 $[f]$，即

$$[F]=[P][f][Q]$$

从而

$$F(u,v)=\sum_{x=0}^{M-1}\sum_{y=0}^{N-1}p(x,y)f(x,y)q(x,y)$$

$$u=0,1,\cdots,M-1,v=0,1,\cdots,N-1$$

傅里叶变换的变换核为：$[P]=[W]_{M\times M}, [Q]=[W]_{N\times N}$ 或$[P]=[W_{MM}]$，$[Q]=[W_{NN}]$。

Fourier 分析常用的有 3 种类型的核函数，即 Dirichlet 核函数、Fejer 核函数和 Poisson 核函数，通常情况下，图像处理中的傅里叶变换选用的是通用和函数

$$w^m=\frac{1}{J}\exp\left[-\mathrm{j}\frac{2\pi}{J}m\right]$$

其中$J=M$或N,相应的$m=0,1,\cdots,M-1$或$0,1,\cdots,N-1$.

定义 2.2.2 灰度值函数 $f(x,y)$ 的离散傅里叶变换 $F(u,v)$ 为

$$F(u,v)=\frac{1}{MN}\sum_{x=0}^{M-1}\sum_{y=0}^{N-1}f(x,y)\mathrm{e}^{-\mathrm{j}2\pi(ux/M+vy/N)}=\frac{1}{M}\sum_{x=0}^{M-1}\mathrm{e}^{-\mathrm{j}2\pi ux/M}\cdot\frac{1}{N}\sum_{y=0}^{N-1}f(x,y)\mathrm{e}^{-\mathrm{j}2\pi vy/N}$$

$$u=0,1,\cdots,M-1, v=0,1,\cdots,N-1 \tag{2.2.6}$$

$F(u,v)$ 的反变换为

$$f(x,y)=\frac{1}{MN}\sum_{u=0}^{M-1}\sum_{v=0}^{N-1}F(u,v)\mathrm{e}^{\mathrm{j}2\pi(ux/M+vy/N)}=\frac{1}{M}\sum_{u=0}^{M-1}\mathrm{e}^{-\mathrm{j}2\pi ux/M}\cdot\frac{1}{N}\sum_{v=0}^{N-1}f(x,y)\mathrm{e}^{-\mathrm{j}2\pi vy/N}$$

$$x=0,1,\cdots,M-1, y=0,1,\cdots,N-1 \tag{2.2.7}$$

显然，傅里叶变换和逆变换均满足可分离性，可以证明，在离散的情况下，傅里叶变换和傅里叶逆变换始终存在。

与一维傅里叶变换类似，根据式（2.2.6）可以定义二维傅里叶变换的频谱和相位角和功率谱：

$$|F(u,v)|=\sqrt{R^2(u,v)+I^2(u,v)},$$
$$\phi(u,v)=\arctan[I(u,v)/R(u,v)]$$
$$P(u,v)=R^2(u,v)+I^2(u,v) \tag{2.2.8}$$

称$|F(u,v)|$为二维傅里叶变换的频谱，$\phi(u,v)$ 为相位角，$P(u,v)$ 为功率谱。

在图像处理中，信号变化的快慢与频率域的频率有关，噪声、边缘细节、跳跃部分往往在频域的高频部分，而背景区域和缓慢变化的图像部分往往在频域的低频部分。

当 $M=N$ 时，即正方形图像下，令

$$w^m=\exp\left[\mathrm{j}\frac{2\pi}{N}m\right], m=0,1,\cdots,(N-1)(N-1) \tag{2.2.9}$$

则变换阵$[P]$、$[Q]$用 w^m 表示为：

$$\bar{\boldsymbol{w}}=\begin{bmatrix}1 & 1 & \cdots & 1\\ 1 & w & \cdots & w^{N-1}\\ \vdots & & \ddots & \vdots\\ 1 & w^{N-1} & \cdots & w^{(N-1)(N-1)}\end{bmatrix}$$

由式（2.2.9）得：

$$
\begin{aligned}
w^{N} &= \exp\left[-\mathrm{j}\frac{2\pi}{N}\cdot N\right]=1 \\
w^{\frac{N}{2}} &= \exp\left[-\mathrm{j}\frac{2\pi}{N}\cdot\frac{N}{2}\right]=-1 \\
w^{\frac{N}{4}} &= \exp\left[-\mathrm{j}\frac{2\pi}{N}\cdot\frac{N}{4}\right]=-\mathrm{j} \\
w^{\frac{3N}{4}} &= \exp\left[-\mathrm{j}\frac{2\pi}{N}\cdot\frac{3N}{4}\right]=\mathrm{j}
\end{aligned}
\tag{2.2.10}
$$

即二维矩阵 $\bar{\boldsymbol{w}}$ 中的元素数值具有周期性，可以证明 $\bar{\boldsymbol{w}}$ 为对称矩阵、正交矩阵，且为二维可分离的矩阵，这些性质为实现快速傅里叶变换奠定了基础。

3. 二维傅里叶变换的性质

二维傅里叶变换具有以下性质。

（1）线性性质

$$
\begin{cases} f_1(x,y)\longleftrightarrow F_1(u,v) \\ f_2(x,y)\longleftrightarrow F_2(u,v) \end{cases} \Rightarrow c_1 f_1(x,y)+c_2 f_2(x,y)\longleftrightarrow c_1F_1(u,v)+c_2F_2(u,v)
$$

（2）可分离性

此性质由式（2.2.6）和式（2.2.7）可以看出，可分离性的性质使得二维傅里叶变换可以通过使用二次傅里叶变换来实现，如图2.4所示。

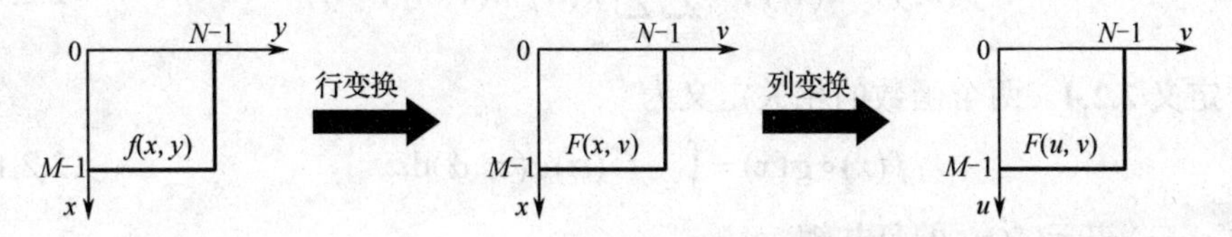

图2.4　二维傅里叶变换的过程

（3）平移性

将 $f(x,y)$ 乘以一个指数项相当于把其二维离散傅里叶变换 $F(u,v)$ 的频域中心移动到新的位置；将 $F(u,v)$ 乘以一个指数项相当于把其二维离散傅里叶逆变换 $f(x,y)$ 的空域中心移动到新的位置。

（4）周期性

傅里叶变换和反变换均以 N 为周期，即：

$$
F(u,v)=F(u+N,v)=F(u,v+N)=F(u+N,v+N)
$$

（5）旋转不变性

引入极坐标变换$\begin{cases}x=r\cos\theta\\ y=r\sin\theta\end{cases}$，$\begin{cases}u=\omega\cos\phi\\ v=\omega\sin\phi\end{cases}$，使得

$f(x,y)=f(r,\theta),F(u,v)=F(\omega,\phi)$，则 $f(r,\theta+\theta_0)\Leftrightarrow F(\omega,\phi+\theta_0)$。

即如果原图像 $f(x,y)$ 在空域上旋转角度，则图像的傅里叶变换 $F(u,v)$ 也旋转相同的角度，反之亦然。

（6）分配率

傅里叶变换对于加法满足分配率，即：

$$F\{f_1(x,y)+f_2(x,y)\}=F\{f_1(x,y)\}+F\{f_2(x,y)\}$$

（7）尺度变换

傅里叶变换表明，对于二个标量 a 和 b，有：

$$af(x,y)\Leftrightarrow aF(u,v)$$

$$f(ax,by)\Leftrightarrow\frac{1}{|ab|}F\left(\frac{u}{a},\frac{v}{b}\right)。$$

（8）卷积与相关

定义 2.2.3 两个函数的卷积定义为

$$f(x)*g(x)=\int_{-\infty}^{+\infty}f(\alpha)g(x-\alpha)\mathrm{d}\alpha \tag{2.2.11}$$

将此卷积运算扩展到二元函数，并离散化得：

$$f(x,y)*h(x,y)=\sum_{i=0}^{M-1}\sum_{j=0}^{N-1}f(i,j)h(x-i,y-j) \tag{2.2.12}$$

定义 2.2.4 两个函数的相关定义为

$$f(x)\circ g(x)=\int_{-\infty}^{+\infty}f^*(\alpha)g(x+\alpha)\mathrm{d}\alpha \tag{2.2.13}$$

其中 $f^*(\alpha)$ 表示 $f(\alpha)$ 的复共轭。

将此相关运算扩展到二元函数，并离散化得：

$$f(x,y)\circ h(x,y)=\sum_{i=0}^{M-1}\sum_{j=0}^{N-1}f^*(i,j)h(x+i,y+j) \tag{2.2.14}$$

傅里叶变换满足卷积定理和相关定理：

卷积定理：$$\begin{aligned}&f(x,y)*h(x,y)\Leftrightarrow F(u,v)H(u,v)\\&f(x,y)h(x,y)\Leftrightarrow F(u,v)*H(u,v)\end{aligned} \tag{2.2.15}$$

相关定理：$$\begin{aligned}&f(x,y)\circ h(x,y)\Leftrightarrow F^*(u,v)H(u,v)\\&f^*(x,y)h(x,y)\Leftrightarrow F(u,v)H(u,v)\end{aligned} \tag{2.2.16}$$

2.2.2　快速傅里叶变换

快速傅里叶变换（简称 FFT）是 1965 年由 J.W.库利和 T.W.图基提出的。采用这种算法能使计算机计算离散傅里叶变换所需要的乘法次数大为减少，特别是被变换的采样点数 N 越多，FFT 算法计算量的节省就越显著。1976 年出现建立在数论和多项式理论基础上的维诺格勒傅里叶变换算法（WFTA）和素因子傅里叶变换算法。FFT 算法很多，根据实现运算过程是否有指数因子 W_N 可分为有、无指数因子的两类算法。具体做快速计算时，有按时间抽取的 FFT 算法和按频率抽取的 FFT 算法。前者是将时域信号序列按偶奇分排，后者是将频域信号序列按偶奇分排。它们都借助于傅里叶变换的周期性和对称性两个特点，通常采取因子分解为稀疏矩阵，再采取“蝶形算法”实现从 1 维 FFT 逐次加倍，最终实现二维 FFT。

一维快速傅里叶变换的一种算法流程为

$$F(u)=\frac{1}{N}\sum_{x=0}^{N-1}f(x)W_N^{ux},\quad W_N^{ux}=\exp[-\mathrm{j}2\pi ux/N]. \tag{2.2.17}$$

令 $N=2^n, n\in N$，即 $N=2M, M\in N$，

则 $F(u)=\frac{1}{2M}\sum_{x=0}^{2M-1}f(x)W_{2M}^{ux}$。

作奇数项和偶数项分离得：

$$F(u)=\frac{1}{2}\left\{\frac{1}{M}\sum_{x=0}^{M-1}f(2x)W_{2M}^{u(2x)}+\frac{1}{M}\sum_{x=0}^{M-1}f(2x+1)W_{2M}^{u(2x+1)}\right\}$$

$$\underline{\underline{W_{2M}^{2ux}=W_M^{ux}}}\frac{1}{2}\left\{\frac{1}{M}\sum_{x=0}^{M-1}f(2x)W_M^{ux}+\frac{1}{M}\sum_{x=0}^{M-1}f(2x+1)W_M^{ux}W_{2M}^{u}\right\} \tag{2.2.18}$$

其中$u=0,1,2,\cdots,M-1$。

令 $F_e(u)=\frac{1}{M}\sum_{x=0}^{M-1}f(2x)W_M^{ux}$，$F_o(u)=\frac{1}{M}\sum_{x=0}^{M-1}f(2x+1)W_M^{ux}$

其中 $u=0,1,2,\cdots,M-1$。

则

$$F(u)=\frac{1}{2}\{F_e(u)+F_o(u)W_{2M}^{u}\}, W_M^{u+M}=W_M^{u},\ W_{2M}^{u+M}=-W_{2M}^{u},$$

$$F(u+M)=\frac{1}{2}\{F_e(u)-F_o(u)W_{2M}^{u}\}, u=0,1,2,\cdots,M-1 \tag{2.2.19}$$

式（2.2.19）是一个递推公式，是 FFT 蝶形算法的理论依据。式（2.2.19）表明一个偶数长度的傅里叶变换可以通过奇数项和偶数项的傅里叶变换的加减运算得到，从而使运算得以简化，提高了运算效率。

FFT 算法逐次加倍的方法是：两点变换由两个一点变换算出，四点变换由两个两点变换算出，以此类推。图 2.5 是以 8 个点为例利用“蝶形图”构成的 8 点 FFT 的流程图。

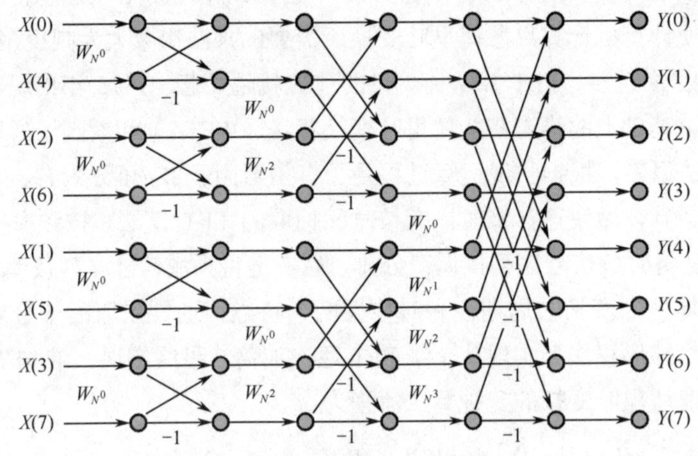

图 2.5　8 点 FFT 的“蝶形”流程图

MATLAB 中 *n* 维快速傅里叶变换的调用格式为

Y=fft2（X）和 Y=fft2(X,m,n)

其中 X 为输入图像，m 和 n 分别用于将 X 的第一和第二维规则化到指定的长度，基于计算机二进制的存储特点，当二者均为 2 的整数次幂时程序运算速度更快。Y 是计算得到的傅里叶频谱，是一个复数矩阵。MATLAB 中调用函数 abs（Y）可以得到幅度值，调用函数 angle（Y）可以得到相位谱。

在 fft2()函数的频谱分析数据时，是按照原始坐标计算的顺序排列频谱，而没有按零频来排列。因此造成输出的图像中零频在频谱图像的四个角上，如图 2.6（a）所示；fftshift()函数可以根据傅里叶变换频谱的周期性特征，将输出图像的一半平移到另一端，从而实现零频被移动到图像中间，如图 2.6（b）所示。

fftshift()函数的 MATLAB 调用格式为：

Y=fftshift（X）或 Y=ffishift（X，dim）

其中，X 为输入图像，dim 表示维度，Y 表示输出的频谱。

图 2.6 是 Lena 图像在不同坐标原点下 FFT 变换的效果图。

图像经过二维傅里叶变换后，其变换系数矩阵表明，如果将变换矩阵的原点设置在中心，则其光谱能量将集中在变换系数矩阵的中心附近［见图 2.6（b）］如果使用的二维傅里叶变换矩阵的原点设置在左上角，则图像信号能量将集中在频域图像的四个角上，这是由二维傅里叶变换本身的性质决定的。同时，这也表明图像能量集中在低频区域。

（a）未经平移的幅度谱

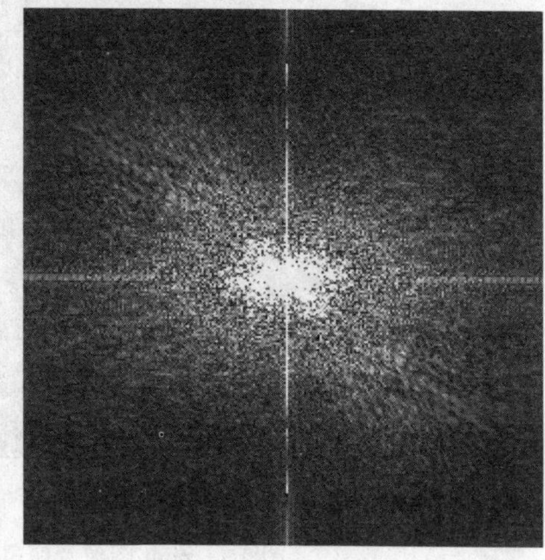

（b）经过平移的幅度谱

图 2.6　不同坐标原点下 Lena 图像的 FFT 变换效果

傅里叶变换后，原点偏移前的图像四个角为低频区域，中央部分对应于高频成分；原点移动后频域图像的中心部分为低频，四周为高频。原点左平移，使得频域变换后低频在图像中心的算法，更有利于 FFT 变换后的图像处理，事实上，绝大多数图像的信息都集中在低频区域，噪声、高亮度曝光点、突兀的划痕等傅里叶变换后会出现在高频区。

傅里叶变换后的频谱图中亮点的多少往往展示了原始图像中灰度级的变化，图 2.7 展示了不同锐化程度下的 pout 图像傅里叶变换后的频谱图。

（a）高锐化的 pout 图及傅里叶变换图

图 2.7　pout 图像及傅里叶变换后频谱图

（b）低锐化的 pout 图及傅里叶变换图

图 2.7　pout 图像及傅里叶变换后频谱图（续）

从图 2.7 可以看出，图（a）中频域图像亮点较多，原始图像比较锐化，对比度很大；图（b）的频谱图中心亮点较少，表现在原始空域图像上，图像的灰度级变化比较平缓。

2.3　小波变换

小波分析的思想最早出现在 1910 年 Haar 提出的小波规范正交基。1981 年，Stromberg 对 Haar 系小波进行了改造，为小波分析奠定了基础。1985 年，Meyer 构造出小波；1988 年，Daubechies 证明了离散小波的存在；1989 年，Mallat 提出多分辨分析和二进小波变换的快速算法；1989 年，Coifman、Meyer 引入小波包；1990 年，崔锦泰等构造出样条单正交小波基；1994 年，Sweldens 提出二代小波，即提升格式小波。

小波在概念上是定义在有限间隔而且其平均值为零的一种函数。“小”是指在时域具有紧支集或近似紧支集，“波”是指具有正负交替的波动性，直流分量为 0。小波的核心作用是用小波及其伸缩和平移来表示函数和信号，不但具有局部化时频分析能力，而且时间分辨率和频率分辨率均可以调整。

2.3.1　小波变换定义

定义 2.3.1　设 $\psi(t)\in L^2(R)$，其傅里叶变换为 $\hat{\psi}(\varpi)$，当 $\hat{\psi}(\omega)$ 满足条件（完全重构条件或恒等分辨条件）

$$C_\psi = \int_R \frac{|\hat{\psi}(\omega)|^2}{|\omega|} \mathrm{d}\omega < \infty$$

时，我们称 $\psi(t)$ 为一个基本小波或小波母函数，简称基小波或母函数。将母函数 $\psi(t)$ 经伸缩和平移后得

$$\psi_{a,b}(t) = \frac{1}{\sqrt{|a|}} \psi\left(\frac{t-b}{a}\right) \qquad (a、b \in R; a \neq 0) \tag{2.3.1}$$

称其为一个小波序列，其中 a 称为伸缩因子或尺度因子，b 称为平移因子或时移因子。

对于任意的函数 $f(t) \in L^2(R)$，其连续小波变换为

$$W_f(a,b) = < f, \psi_{a,b} > = |a|^{-1/2} \int_R f(t) \overline{\psi\left(\frac{t-b}{a}\right)} \mathrm{d}t \tag{2.3.2}$$

其重构公式（逆变换）为

$$f(t) = \frac{1}{C_\psi} \int_{-\infty}^{\infty} \int_{-\infty}^{\infty} \frac{1}{a^2} W_f(a,b) \psi\left(\frac{t-b}{a}\right) \mathrm{d}a\mathrm{d}b \tag{2.3.3}$$

把连续小波变换中的尺度参数 a 和平移参数 b 进行离散化：$a = a_0^j$，$b = ka_0^j b_0$，其中 $j \in Z$，为了方便起见，总是假设 a_0>0，则得到离散小波函数

$$\psi_{j,k}(t) = a_0^{-j/2} \psi\left(\frac{t - ka_0^j b_0}{a_0^j}\right) = a_0^{-j/2} \psi(a_0^{-j} t - kb_0) \tag{2.3.4}$$

相应的离散小波变换

$$W_f(a,b) = < f, \psi_{a,b}(t) > = a_0^{-a/2} \int_R f(t) \overline{\psi(a_0^{-j} t - kb_0)} \mathrm{d}t \tag{2.3.5}$$

其重构公式为

$$\begin{aligned} W_f(a,b) &= < f, \varphi_{a,b}(t) > \\ &= a_0^{-a/2} \int_R f(t) \overline{\varphi(a_0^{-a} t - kb_0)} \mathrm{d}t = \sum_{a,b \in Z} < f, \varphi_{a,b} > \varphi_{a,b}(t) \end{aligned} \tag{2.3.6}$$

由于基小波 $\psi(t)$ 生成的小波 $\psi_{a,b}(t)$ 在小波变换中对被分析的信号起着观测窗的作用，所以 $\psi(t)$ 还应该满足一般函数的约束条件 $\int_{-\infty}^{\infty} |\psi(t)| \mathrm{d}t < \infty$。故 $\hat{\psi}(\omega)$ 是一个连续函数。这意味着，为了满足完全重构条件式，$\hat{\psi}(\omega)$ 在原点必须等于 0，即 $\hat{\psi}(0) = \int_{-\infty}^{\infty} \psi(t) \mathrm{d}t = 0$。为了使信号重构的实现在数值上是稳定的，除完全重构条件外，还要求小波 $\psi(t)$ 的傅里叶变换满足下面的稳定性条件：

$$0 < A \leqslant \sum_{-\infty}^{\infty} |\hat{\psi}(2^{-j}\omega)|^2 \leqslant B < \infty$$

小波变换的基本思想是用一组小波函数或者基函数表示一个函数或者信号，小

波变换通过平移母小波或者基函数获得信号的时间信息，通过缩放小波的宽度或尺度获得信号的频率信息。

2.3.2 多分辨率分析

1. 多分辨率分析定义

多分辨率分析（MultiResolution Analysis，MRA）又称作多尺度分析，其概念是由 S.Mallat 和 Y.Meyer 在前人大量工作的基础上于 1986 年提出的，MRA 从空间的概念上形象地说明了小波的多分辨率特性，随着尺度由大到小变化，在各尺度上可以由粗到细地观察图像的不同特征。在大尺度时，观察到图像的轮廓；在小尺度的空间里，则可以观察图像的细节。1989 年，Mallat 在小波变换多分辨率分析理论与图像处理的应用研究中受到塔式算法的启发，提出了信号的塔式多分辨率分析与重构的快速算法，称为马拉特（Mallat）算法（详见第 4 章）。

定义 2.3.2 设 $\{V_j\}$ $j \in Z$ 是 $L^2(R)$ 空间中的一系列闭合子空间，如果它们满足如下 6 个性质，则说 $\{V_j\}$，$j \in Z$ 是一个多分辨率近似。这 6 个性质是：

（1）$\forall (j,k) \in Z^2$，若 $x(t) \in V_j$ 则 $x(t-2^j k) \in V_j$；

（2）$\forall j \in Z$，$V_j \supset V_{j+1}$，即 $\cdots V_0 \supset V_1 \supset V_2 \cdots V_j \supset V_{j+1} \cdots$；

（3）$\forall j \in Z$，若 $x(t) \in V_j$，则 $x\left(\dfrac{t}{2}\right) \in V_{j+1}$；

（4）$\lim\limits_{j \to \infty} V_j = \bigcap\limits_{j=-\infty}^{\infty} V_j = \{0\}$；

（5）$\lim\limits_{j \to \infty} V_j = \text{Closure}(\bigcup\limits_{j=-\infty}^{\infty} V_j) = L^2(R)$；

（6）存在一个基本函数 $\theta(t)$，使得 $\{\theta(t-k)\}$，$k \in Z$ 是 V_0 中的 Riesz 基。

定义 2.3.3 令 H 是 Hilbert 空间，H 中的一个序列 $\{g_j\}_{j \in Z}$ 是 Riesz 基，如果它满足以下的条件：

（1）$\overline{\text{span}}\left\{g_j(t) \mid j \in Z\right\} = H$，即 $\forall f \in H, \forall \varepsilon > 0$，

总存在 $\{c_j\}_{j \in Z} \in l^2$，使得 $\left\| f(t) - \sum\limits_{j=-n}^{n} c_j g_j(t) \right\| < \varepsilon$；

（2）存在常数 $0 < A \leqslant B < \infty$，使得 $\forall \{c_j\}_{j \in Z} \in l^2$，有

$$A \sum_{j=-\infty}^{+\infty} |c_j|^2 \leqslant \left\| \sum_{j=-\infty}^{+\infty} |c_j g_j| \right\|^2 \leqslant B \sum_{j=-\infty}^{+\infty} |c_j|^2$$

其中，A 和 B 分别称为 Riesz 基的上下界，Riesz 基又称为稳定基。

定义 2.3.4　空间 $L^2(R)$中的多分辨分析是指 $L^2(R)$中的满足如下条件的一个子空间序列$\{V_j\}_{j\in Z}$：

（1）单调性：$\cdots\subset V_{-1}\subset V_0\supset V_1\subset\cdots$ ；

（2）逼近性：$\bigcap_{j\in Z}V_j=\{0\},\overline{\bigcup_{j\in Z}V_j}=L^2(R)$；

（3）伸缩性：$f(t)\in V_j\Leftrightarrow f(2t)\in V_{j+1}$；

（4）平移不变性：$f(t)\in V_j\Rightarrow f(t-k)\in V_j,\forall k\in Z$；

（5）存在函数$g(t)\in V_0$，使得$\{g(t-k)\}_{k\in Z}$构成V_0的Riesz基。

多分辨空间的关系可用下图 2.8 来形象地说明。

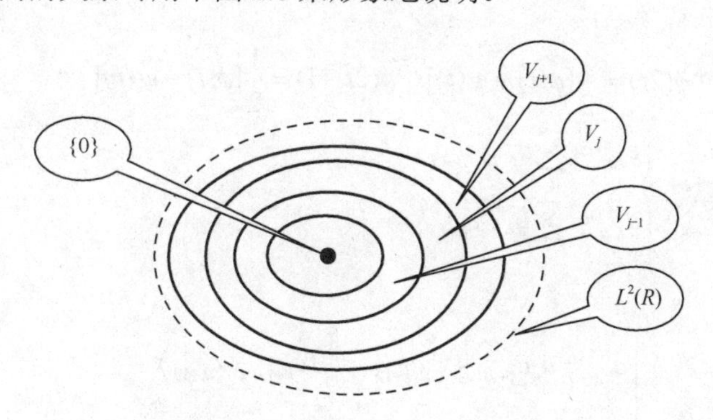

图 2.8　多分辨空间的关系图

注意，在多分辨率分析下，设 W_j 是 V_j 关于 V_{j+1} 的正交补（子空间），即 $V_{j+1}=V_j\oplus W_j$，即满足：$V_{j+1}=V_j\bigcup W_j$，$V_j\perp W_j$，显然，

$$V_{j+1}=(V_{j-1}\oplus W_{j-1})\oplus W_j=(V_{j-2}\oplus W_{j-2})\oplus W_{j-1}\oplus W_j=\cdots,\quad V_{j+1}=\bigoplus_{l=-\infty}^{j}W_l$$

从图像处理的角度，多分辨空间的分解可以理解为图像的分解，假设有一幅 256 级量化的图像，不妨将它看成量化空间 V_j 中的图像，则$V_j=V_{j-1}\oplus W_{j-1}$可理解为 V_j 空间中的图像有一部分保留在 V_{j-1} 空间中，还有一部分放在 W_{j-1} 空间。所有可度量的、平方可积分的函数都可以由尺度函数在 $j\to\infty$ 的限制下表示，即 $V_\infty=\{L^2(R)\}$ 。

2．一维小波的双尺度分解与重构

设尺度函数$\varphi(t)$与小波基函数$\psi(t)$的双尺度关系为

$$\begin{cases}\varphi(t)=\sum\limits_{n=-\infty}^{\infty}p_n\varphi(2t-n)\\ \psi(t)=\sum\limits_{n=-\infty}^{\infty}q_n\psi(2t-n)\end{cases}\tag{2.3.7}$$

$\varphi(t)$ 与 $\psi(t)$ 的分解关系为

$$\varphi(2t-l)=\sum_{n=-\infty}^{\infty}\{a_{l-2n}\varphi(t-n)+b_{l-2n}\psi(t-n)\} \tag{2.3.8}$$

其中，$l=0,\pm1,\pm2,\cdots$；$a_n=\frac{1}{2}g_{-n}$；$b_n=\frac{1}{2}h_{-n}$。

而两个尺度函数的双尺度关系为：

$$\varphi(t)=\varphi(2t)+\varphi(2t-1)$$

则有小波函数的双尺度关系为

$$\psi(t)=\psi(2t)-\psi(2t-1)$$

进一步得分解关系：

$$\phi(2t)=\frac{1}{2}[\phi(t)+\psi(t)],\ \ \phi(2t-1)=\frac{1}{2}[\phi(t)-\psi(t)] \tag{2.3.9}$$

根据分解算法 $\begin{cases} c_{k,n}=\sum\limits_{l}a_{l-2n}c_{k+1,l} \\ d_{k,n}=\sum\limits_{l}b_{l-2n}c_{k+1,l} \end{cases}$

得

$$\begin{cases} c_{k,0}=a_0c_{k+1,0}+a_1c_{k+1,1}=\frac{1}{2}(c_{k+1,0}+c_{k+1,1}) \\ d_{k,0}=b_0c_{k+1,0}+b_1c_{k+1,1}=\frac{1}{2}(c_{k+1,0}-c_{k+1,1}) \end{cases} \tag{2.3.10}$$

由重构算法

$$c_{k+1,n}=\sum_{l}(c_{k,l}p_{n-2l}+d_{k,l}q_{n-2l})$$

以及双尺度关系，得序列

$$p_0=1,p_1=1$$

再由 $q_n=(-1)^n\overline{p}_{-n+1}$，得 $q_0=1,q_1=-1$。

得

$$c_{k+1,0}=c_{k,0}p_0+d_{k,0}q_0=c_{k,0}+d_{k,0},\ \ c_{k+1,1}=c_{k,0}p_1+d_{k,0}q_1=c_{k,0}-d_{k,0} \tag{2.3.11}$$

将信号从 $N-M$ 水平重构到 N 的水平，其重构过程可形象地表示为

$$\begin{array}{ccccccccc} d_{N-M} & & d_{N-M} & \cdots & d_{N-2} & & d_{N-1} & & \\ & \searrow & & \searrow & & \searrow & & \searrow & \\ c_{N-M} & \rightarrow & c_{N-M+1} & \rightarrow\cdots\rightarrow & & & c_{N-1} & \rightarrow & c_N \end{array}$$

由一维小波变换的分解与重构可推出二维小波变换的分解与重构过程，4.2 节将介绍二维小波变换在图像处理中的应用。

2.3.3 常见的小波基函数

小波基函数，是一组线性无关的函数，可以用来构造任意给定的信号。对于同一图像，采用不同的小波基函数进行小波变换，得到的结果差别很大，因此如何选择母小波一直是小波变换工程应用领域的研究热点，常用的小波基函数有以下三种。

1．哈尔（Haar）小波函数

Haar 小波是 Haar 于 1990 年提出的一种正交函数系，定义如下：

$$\psi_H = \begin{cases} 1 & 0 \leqslant x \leqslant 1/2 \\ -1 & 1/2 \leqslant x < 1 \\ 0 & \text{其他} \end{cases} \tag{2.3.12}$$

显然

$$\int_{-\infty}^{\infty} \psi(t)\psi(x-n)\mathrm{d}x = 0, \quad n = \pm 1, \pm 2, \cdots$$

生成矢量空间 W^0 的哈尔小波函数为

$$\psi_0^0(x) = \begin{cases} 1 & 0 \leqslant x < 1/2 \\ -1 & 1/2 \leqslant x < 1 \\ 0 & \text{其他} \end{cases} \tag{2.3.13}$$

生成矢量空间 W^1 的哈尔小波函数（见图 2.9）：

$$\psi_0^1(x) = \begin{cases} 1 & 0 \leqslant x < 1/4 \\ -1 & 1/4 \leqslant x < 1/2 \\ 0 & \text{其他} \end{cases}, \quad \psi_1^1(x) = \begin{cases} 1 & 1/2 \leqslant x < 3/4 \\ -1 & 3/4 \leqslant x < 1/2 \\ 0 & \text{其他} \end{cases}$$

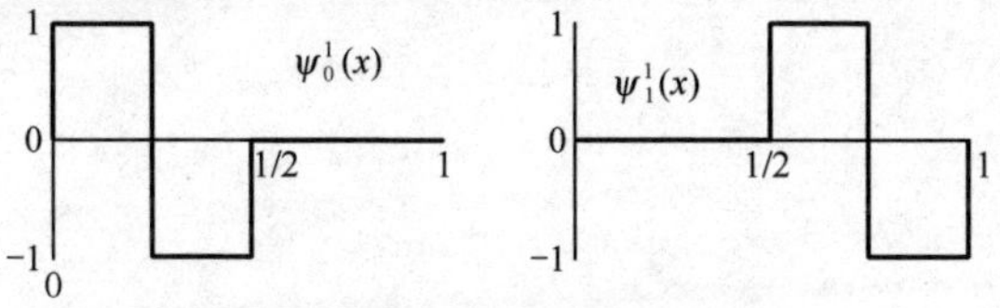

图 2.9 生成矢量空间 W^1 的哈尔小波函数

2．Daubechies 小波函数系

该小波是世界著名的小波分析学者 Inrid Daubechies 构造的小波函数，一般写作 db$N$,其中 N 为小波的阶数。小波 $\psi(t)$ 和尺度函数 $\phi(t)$ 中的支撑区为 $2N-1$，$\psi(t)$ 的消失矩为 N。

除 N=1（db1 为 Haar 小波)）外，Daubechies 小波没有明确的表达式，但是传

递函数 $\{h_k\}$ 的模的平方有显式表达式。

令 $P(y)=\sum_{k=0}^{N-1} C_k^{N-1+k} y^k$ ，其中，C_k^{N-1+k} 为二项式的系数，则有：

$$|m_0(\omega)|^2=\left(\cos^2\frac{\omega}{2}\right)^N P\left(\sin^2\frac{\omega}{2}\right) \tag{2.3.14}$$

其中 $m_0(\omega)=\frac{1}{\sqrt{2}}\sum_{k=0}^{2N-1} h_k \mathrm{e}^{-ik\omega}$ 。

3．Symlets 小波函数

Symlets 小波函数是由 Daubechies 提出的近似对称的小波函数，它是对 db 函数的一种改进。Symlets 函数系通常表示为 sym*N* 的形式，其中 *N*=2，3，…，8。

除了以上三个常用的小波函数，还有 Mexican Hat 小波、Meyer 小波等小波函数，MATLAB 给出了 15 个小波基函数，具体使用小波变换时，需要根据具体情况做合理的选择，选择的小波基函数要满足紧支性、对称性、正交性、正则性、消失矩等特征。不同小波基函数的调用格式和图像处理效果比较见第 4 章。

2.4　本章小结

本章分析介绍了全书要用到的主要理论知识，涵盖模糊集合相关理论，这是第 5 章模糊指标提出的理论前提；傅里叶级数、傅里叶变换的数学知识及图像处理效果；小波变换的定义、小波函数的构造与选择理论，多分率分析的理论知识和常用的小波函数基函数特点。傅里叶变换和小波变换的理论是频域滤波的基础。

第3章　空域滤波算法的研究机理及效果比较

空域滤波的概念是在雷达技术领域的数字波束技术（Digital Beam Forming，DBF）中提出的。使用空域模板（通常为一个小矩形）进行的图像处理，被称为空域滤波，模板本身被称为空域滤波器。空域滤波去噪的算法主要基于邻域（空间域）对图像中的像素进行计算。按照处理邻域的情况，空域滤波可以分为点处理、邻域处理和全图处理，主要涉及的算法为图像平滑和图像增强，如领域平均法、中值滤波、多图像平均法、基于偏微分方程的去噪滤波、基于形态学的滤波算法等。按照数学运算关系，可分为线性滤波和非线性滤波，线性滤波的代表为均值滤波算法，非线性滤波的代表为统计排序滤波、中值滤波算法、最大值最小值滤波等。基于数学形态学的滤波也是一种空域滤波器，它是近年来出现的一类重要的非线性滤波器，已经由早期的二值形态滤波器发展为后来的多值（灰度）形态滤波器，并在形状识别、边缘检测、纹理分析、图像恢复和增强等领域得到了广泛的应用。

3.1　邻域滤波及效果对比

邻域滤波利用给定像素周围像素的值决定此像素的最终输出，是空域滤波的主要表现形式，均值滤波、中值滤波、加权滤波等都是邻域滤波的比较经典的代表。

3.1.1　均值滤波的类型及实现原理

邻域均值滤波分为算术均值滤波、几何均值滤波及逆谐波均值滤波，通常可以用模板卷积来实现。

用 $x_{i,j}$ 和 $x_{i,j}^{\text{out}}$ 分别表示在坐标点 (i,j) 处的原始灰度值和输出灰度值，m、n 为模板的宽度和高度。

1．算术均值滤波

算术均值滤波用 N_{ij} 表示一个中心在 (i,j) 的 $m\times n$ 矩形邻域，为了方便计算，常取 $m=n$，且取奇数，如 3×3，5×5 等。其最终输出记为

$$x_{i,j}^{\text{out}}=\frac{1}{m\times n}\sum x_{i,j}$$

如果用下列矩阵表示一个 3×3 的邻域

$$\begin{bmatrix} x_{i-1,j-1} & x_{i-1,j} & x_{i+1,j+1} \\ x_{i,j-1} & x_{i,j} & x_{i,j+1} \\ x_{i+1,j-1} & x_{i+1,j} & x_{i+1,j+1} \end{bmatrix} \tag{3.1.1}$$

则滤波后的输出为

$$x_{i,j}^{\text{out}}=\frac{1}{3\times3}(x_{i-1,j-1}+x_{i-1,j}+x_{i-1,j+1}+\cdots+x_{i+1,j}+x_{i+1,j+1}) \tag{3.1.2}$$

2．几何均值滤波

几何均值滤波的输出表达式为 $x_{i,j}^{\text{out}}=(\Pi x_{i,j})^{\frac{1}{m\times n}}$。

当所用模板形如式（3.1.1）时，几何均值滤波的输出为

$$x_{i,j}^{\text{out}}=(x_{i-1,j-1}\times x_{i-1,j}\times x_{i-1,j+1}\times\cdots\times x_{i,j}\times\cdots\times x_{i+1,j}\times x_{i+1,j+1})^{\frac{1}{m\times n}} \tag{3.1.3}$$

式中，m，n 表示图像矩阵的行数和列数。

在MATLAB中，算术均值滤波和几何均值滤波的处理函数分别为imfilter(I,PSF)和 exp(imfilter(log(I),PSF))，调用函数前需要先生成 PSF，如果用 3×3 模板，生成PSF 的函数为 PSF=fspecial('average',3)。

3．逆谐波均值滤波

逆谐波均值滤波的表达式为

$$x_{i,j}^{\text{out}}=\frac{\sum x_{i,j}^{Q+1}}{\sum x_{i,j}^{Q}} \tag{3.1.4}$$

式中，Q 为滤波器的阶数，当 $Q=-1$ 时，该滤波器称为谐波滤波器。逆谐波均值滤波器的去噪处理功效为，$Q<0$ 时能去除椒噪声，$Q>0$ 时能去除盐噪声，但是该滤波器不能同时去除椒盐噪声。故它不太适合处理椒盐噪声，比较适合处理类似高斯噪声那样的噪声类型。其算法可以用算术均值滤波的商来实现。

从上面的均值滤波输出可以看出，模板下每个像素的权重为 1，在平均滤波过程中，中心像素的灰度值被周围所有像素的灰度平均值所代替。而图像中灰度值急剧变化的孤立像素值也被周围的像素平均，从而使图像平滑并达到降噪效果。邻域

均值滤波实际上是一种线性低通滤波器，滤波器对于加性噪声处理比较有效，在超声图像中，斑点噪声的最大特征是噪声的像素值变化多于邻域像素值，因此几何均值滤波和算术均值滤波具有良好的抑制超声图像噪声的能力。

但是，它们往往在消除图像噪声的同时模糊了图像的细节，且邻域模板越大，处理后的图像模糊程度越厉害，故实际的图像处理中往往取比较小的模板系数，如 3×3 、5×5 等，且要做某些突出边缘信息的算法改进，方可达到较理想的图像处理效果。

4．多幅图像平均法

多幅图像平均法是利用相同情境下获取的同一目标物的多幅图像取平均的方法来去除噪声，该方法往往比较适合随机加性噪声的去除。

若记多幅图像为 $f_1(x,y),f_2(x,y),\cdots,f_k(x,y)$ ，则多幅图像平均法的输出为

$$x_{i,j}^{\text{out}}=\frac{1}{k}\sum_{n=1}^{k}f_n(i,j) \tag{3.1.5}$$

由式（3.1.5）可以看出，k 越大，多幅图像平均法的效果越好。该方法对同一幅图像不同时间内经过同一通道产生的噪声有较好的处理效果，常被应用于摄像机的视频图像处理中，以减少电视摄像机光电摄像管或者 CCD 产生的噪声。

对同一景象连续拍摄多次，再取平均来去除噪声的方法，其难点在于序列图像的获得，而且只能用于静态图像的去噪，所以应用范围不太广泛。

3.1.2　高斯滤波及实现

在图像处理中，高斯滤波一般有两种实现方式，一种是空域中的离散化窗口滑窗卷积，另一种是借助傅里叶变换到频域后，再进一步实现的高斯滤波。比较常见的是空域中基于滑窗模板的滤波形式，它是一种线性平滑滤波，通常称为高斯平滑滤波器，又称为高斯低通滤波器，高斯模糊、高斯平滑、高斯滤波常用来去除高斯噪声。

与几何均值滤波和算术均值滤波对模板下的元素一视同仁不同，高斯平滑滤波的本质是加权平均，在模板设计时加入权重系数，越靠近模板的中心点，权重系数的设定越大；距离模板的中心越远，权重系数越小。这样可以更好地保持中心的灰度值更接近于与它距离近的点，减少平滑处理中的图像模糊，更好地保持图像的细节信息。高斯平滑滤波的设计思想是基于二维连续高斯分布的密度函数图像特点（见图 3.1）。

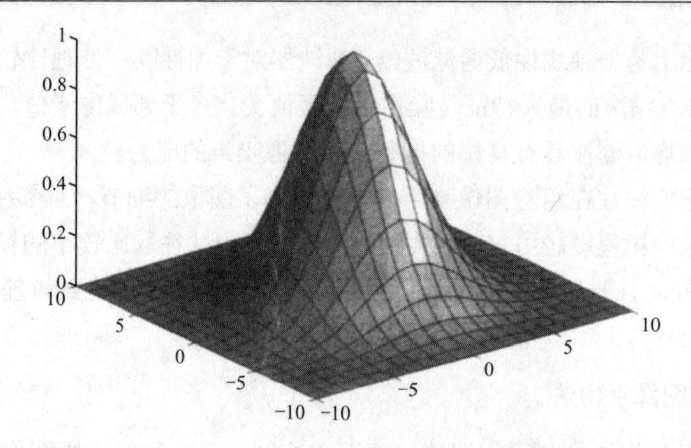

图 3.1　二维连续高斯分布的密度函数图像

二维连续高斯分布又称为二元正态分布，其密度函数为

$$f(x,y)=\frac{1}{\sqrt{2\pi}\sigma_1\sigma_2\sqrt{1-\rho^2}}\mathrm{e}^{-\frac{1}{2(1-\rho^2)}\left[\left(\frac{x-\mu_1}{\sigma_1}\right)^2-2\rho\left(\frac{x-\mu_1}{\sigma_1}\right)\left(\frac{y-\mu_2}{\sigma_2}\right)+\left(\frac{y-\mu_2}{\sigma_2}\right)^2\right]} \tag{3.1.6}$$

式中，$\mu_1,\mu_2,\sigma_1,\sigma_2,\rho$ 为常数，μ_1,μ_2 代表均值，σ_1、$\sigma_2>0$ 表示标准差，$|\rho|<1$，ρ 称为相关系数。

在图像处理时，通常认为代表行噪声和列噪声的随机变量不相关，即 $\rho=0$，且假设 $\sigma_1=\sigma_2=\sigma$。因我们总是用奇数阶的模板中心做对应像素的处理，然后模板继续平移游历，故设计高斯模板时，通常均值取为 0，而方差则根据不同的噪声情况和模板的阶数取不同的数值。

取阶数为 $2k+1(k\in N)$ 的模板，均值 μ=0，方差为 σ^2 的二维离散高斯模板，其 (i,j) 位置的元素值可按照下式确定：

$$f(i,j)=\frac{1}{2\pi\sigma^2}\mathrm{e}^{-\frac{(i-k-1)^2+(j-k-1)}{2\sigma^2}} \tag{3.1.7}$$

在 MATLAB 中，高斯低通滤波器的创建函数为 I=fspecial（'gaussian',K,sigma），其中 K 为模板阶数，sigma 为标准差，其概率统计意义同密度函数中的 σ。高斯平滑滤波为 imfilter（X,I），其中 X 为噪声图像。即高斯滤波的调用格式为

I=fspecial（'gaussian',K,sigma）；J= imfilter（X,I）。

sigma 的取值影响二维高斯函数的高度，模板大而 sigma 取得过小，函数图像偏瘦高，反应在图像上，偏离中心的所有像素权重将会非常小，相当于加权系数对邻域像素影响较小，起不到平滑噪声的作用；sigma 取得过大，而邻域相对较小时，函数图像偏平坦，此时高斯模板退化为平均模板。因此合理地选取 sigma 比较重要，MATLAB 中 sigma 的默认值为 0.5，通常 3 阶模板的 sigma 取 0.8 左右，对于更大

模板，可适当增加 sigma 的大小。

比较简单的高斯平滑滤波的实现方式是直接将模板中心像素赋予最大的权重，同时根据周围像素和中心像素的距离给周围像素赋予权重值，距离中心像素越远权重值越小，做出权重模板来实现高斯平滑去噪。如按照下面的模板赋值：

$$W = \frac{1}{16}\begin{bmatrix} 1 & 2 & 1 \\ 2 & 4 & 2 \\ 1 & 2 & 1 \end{bmatrix}$$

最后输出为模板数据和模板下像素灰度的卷积，即

$$x_{i,j}^{\text{out}} = \frac{1}{16}(2x_{i-1,j-1} + x_{i-1,j} + 2x_{i-1,j+1} + \cdots + 4x_{i,j} + \cdots + x_{i+1,j} + 2x_{i+1,j+1}) \qquad (3.1.8)$$

其中 $\frac{1}{16}$ 是模板各元素的权重系数之和的倒数。

8 位的灰度图像下式（3.1.8）实现的 VC++部分代码如下：

```
BOOL CDib::TemplateSmooth(LPSTR lpDIBBits, LONG w,LONG h,float f, int t1, int t2, int t3, int t4, int t5, int t6, int t7,int t8, int t9)
{
unsigned char*lpSrc,*p1,*p2,*p3,*p4,*p5,*p6,*p7,*p8,*p9;
LONG i,j,B;
int result;
B=WIDTHBYTES(w*8);
for(i=1;i<h-1;i++)
{
    for(j=1;j<w-1;j++)
    {
        lpSrc=(unsigned char*)lpDIBBits+B*(i)+j;
        p1=(unsigned char*)lpDIBBits+B*(i-1)+j-1;
            p2=(unsigned char*)lpDIBBits+B*(i-1)+j;
            p3=(unsigned char*)lpDIBBits+B*(i-1)+j+1;
            p4=(unsigned char*)lpDIBBits+B*(i)+j-1;
            p5=(unsigned char*)lpDIBBits+B*(i)+j;
            p6=(unsigned char*)lpDIBBits+B*(i)+j+1;
            p7=(unsigned char*)lpDIBBits+B*(i+1)+j-1;
            p8=(unsigned char*)lpDIBBits+B*(i+1)+j;
            p9=(unsigned char*)lpDIBBits+B*(i+1)+j+1;
 result=(*p1)*t1+(*p2)*t2+(*p3)*t3+(*p4)*t4+(*p5)*t5+(*p6)*t6+(*p7)*t7+(*p8)*t8+(*p9)*t9;
        result=(unsigned char)(result*f);
```

```
            if(result>255)
                result=255;
            else if(result<0)
                result=0;
            else
            *lpSrc=(unsigned char)result+0.5;
        }
    }
    return TRUE;
    }
```

以上代码可以实现模板系数的灵活赋值，实现 3 阶模板下的高斯平滑滤波和几何均值滤波的图像处理，$t_i(i=1,2,\cdots,9)$ 的取值匹配高斯模板时为高斯平滑滤波，当 $t_i=\frac{1}{9}(i=1,2,\cdots,9)$ 时为几何均值滤波。

3.1.3 统计排序滤波及算法实现

统计排序滤波主要包括中值滤波、最值滤波（最大值滤波、最小值滤波）和百分比滤波等，其基本原理是首先将模板下对应的像素灰度值从小到大排序，然后根据需要将中值、最大值、最小值或者百分之多少的点上的灰度值作为最终输出。中值滤波对于去除正负脉冲类噪声比较有效，最小值滤波输出最暗的点，最大值滤波输出最亮的点，百分比滤波往往根据图像的具体特征和需求设定百分比大小。

1. 中值滤波

统计排序滤波以中值滤波最为常用，中值滤波对椒盐噪声的处理效果明显优于其他传统滤波，效果较为理想。

中值滤波最初是由 Turky 在 1971 年提出的，是非线性滤波算法中极为简单和具有代表性的，又容易实现的算法。它初期主要应用于时间序列分析，后来被应用于图像处理，并在图像去噪复原应用中发挥出不错的作用。其基本原理是：在一个滑动的滤波窗口中，将中心像素值替换为该窗口内所有像素的中值。它的主要算法步骤为：

（1）将模板在图像中漫游，并将模板中心与图像中某个像素的位置重合；

（2）读取模板下各个对应像素的灰度值，并将它们从小到大排序；

（3）找出这些值里排在中间的 1 个，若模板对应的总像素个数为 N，则中间灰度值为排序后第 $\left[\frac{N+1}{2}\right]$（[ ]表示取整函数）个像素的灰度值，将这个中间值赋给对应模板中心位置的像素，作为输出。

中值滤波过程中，相当于取了模板下灰度值的中位数，而中位数在统计上不会受到异常值的影响，即孤立的噪声像素不会对滤波效果产生很大的影响，从而达到去噪的效果。另外，由于中值滤波不会生成新的像素值，因此它还具有保持细节的能力。

中值滤波在 MATLAB 中的调用函数为 medfilt2( )，调用格式为：

```
J=medfilt2(I,[k,k]);
```

其中 I 为输入的噪声图像，k 为模板阶数，通常取奇数 3、5、7 等。

不难看出，中值滤波是将周围像素灰度值相差较大的像素变为接近周围像素值的像素，以达到消除孤立噪声的目的，因此中值滤波对随机正负脉冲噪声的消除非常有效。当噪声密度不是很大（<20%）时，中值滤波可以做到既消除脉冲噪声，同时保持图像的细节良好效果。

但是，中值滤波也有其局限性：该算法在抑制图像噪声和保护细节方面都具有折中关系。当滤波窗口较小时，可以保护图像的细节，但是此时的降噪能力较低。当斑点噪声范围大于滑动滤波窗口的宽度时，无法滤除噪声。当滤镜窗口较大时，可以增强噪声抑制能力，但是输出像素值可能与原始像素值相差太大，从而导致图像细节丢失或部分信息丢失。实际上，为了考虑去噪和保护图像细节，需要根据图像的局部特征或统计特征来选择模板窗口大小。需要注意的是，中值滤波需要采用排序后的中值，因此模板阶数通常选为奇数，如将滤波窗口选择为 3×3、5×5 和 7×7。偶数阶模板的输出值是排序后中间两个灰度值的平均值，这很容易改变图像的原始灰度值，在实际应用中很少使用。

2. 最值滤波

最值滤波又称为最大值、最小值滤波，其操作步骤和中值滤波类似，首先对模板下的像素灰度值进行从小到大排序，找出模板 $W_n(i,j)$ 中像素灰度值的最大值 $\max x_{i,j}$ 和最小值 $\min x_{i,j}$，然后将当前像素（一般是模板中心的像素）灰度值 $x_{i,j}$ 与 $\max x_{i,j}$ 及 $\min x_{i,j}$ 进行比较：如果当前像素的灰度值 $x_{i,j}$ 比最小值小，则替换中心像素为最小值，否则保持原灰度值输出，此算法为最小值滤波器；如果当前中心像素 $x_{i,j}$ 的灰度比最大值大，则替换中心像素为最大值，否则保持原灰度值输出，此算法为最大值滤波器；

如果当前中心像素 $x_{i,j}$ 的灰度值比最大值大，则替换中心像素为最大值，如果当前像素的灰度值 $x_{i,j}$ 比最小值小，则替换中心像素为最小值，否则保持中心像素的原灰度值输出，此算法为最大值最小值滤波器。

最小值滤波器比较适合去除含有椒噪声的图像的噪声，最大值滤波器比较适合去除含有盐噪声的图像的噪声，最大值最小值滤波器比较适合恢复含有椒盐噪声的图像。

值得注意的是，最大值最小值滤波器虽然在去除椒盐噪声方面比较有效，但是对于含有白色划痕或者块状黑色区域的图像，去噪效果不太理想，鉴于这一点，Wei-Yu Han 等提出了一种改进的最大值最小值算法 MMEM（Minimum-Maximum Exclusive Mean filter)，使得去噪效果有了较大改善。该算法的详细过程将在第 5.3.1 节介绍。

3．百分比滤波

百分比滤波是基于统计排序的滤波方法，在把模板下的像素灰度值按照从小到大排序后，根据图像特点，把百分之几点上的灰度作为替换噪声的灰度值，或者把一定百分比之内的灰度值作为输出。

VC++下百分比滤波器的百分比可根据排序函数 Getmidnum（unsigned char* array,int flen,float per）获得，其中最后一个参数 float per 为百分比，$per \in (0,1)$，取值越小得到的是排序后越小的灰度值，取值越大得到的是排序后越大的灰度值，还可以用这个函数获得最大值和最小值。

```
    unsigned char WINAPI  Getmidnum(unsigned char* array,int flen,float
per)
    {
        int i,j;
        unsigned char temp;
        //冒泡排序方法
        for(i=0;i<flen-1;i++)
        {
            for(j=0;j<flen-i-1;j++)
            {
                if(array[j]>array[j+1])
                {
                    temp=array[j];
                    array[j]=array[j+1];
                    array[j+1]=temp;
                }
            }
        }
        if((flen&1)>0)//是奇数时
        {
            temp=array[int((flen+1)*per)];
```

```
        }
            else
            {
                temp=(array[int(flen*per+0.5)]+array[int(flen*per+1+
0.5)])/2;
            }
            return temp;
    }
```

3.1.4　邻域滤波去噪效果研究

[实验研究 3.1]　对高斯噪声的去除比较

图3.2所示是对Lena图像添加均值为0、方差为0.05的高斯噪声后，用MATLAB进行不同的均值滤波及高斯滤波的效果对比情况。

（a）Lena 原图　（b）含噪图像

（c）3×3 算术均值滤波　（d）3×3 几何均值滤波

图 3.2　不同的均值滤波及高斯滤波对高斯噪声的处理效果

（e）Q=−1.5 的逆谐波均值滤波

（f）Q=1.5 的逆谐波均值滤波

（g）高斯滤波，sigma=0.5

（h）高斯滤波，sigma=0.8

（i）高斯滤波，sigma=1.8

图 3.2　不同的均值滤波及高斯滤波对高斯噪声的处理效果（续）

从图 3.2 可以看出，图 3.2（d）经 3×3 几何均值滤波处理后看起来亮度更大，对比度更大，细节更清晰，几何均值滤波器所达到的平滑度可以与算术均值滤波器相比，但在滤波过程中会丢失更多的图像细节。对比图 3.2（b）、（e）、（f），逆谐波均值滤波在去除高斯噪声方面也起到了比较显著的作用；高斯滤波比直接用均值滤波更能在去噪的同时保持图像的细节信息，但是 sigma 取值过小时，噪声去除不明显，sigma 取值过大时，去除噪声效果较好，但是模糊了图像的细节信息，sigma 取 0.8 时效果较好。

进一步，对图 3.2 的噪声图像和复原图像计算其 PSNR（峰值信噪比）值，得如表 3.1 所示数据。

表 3.1　图 3.2 中噪声图像和复原图像的 PSNR 值

图 3.2 中的图像	（b）	（c）	（d）	（e）	（f）	（g）	（h）	（i）
PSNR	19.16	23.05	22.33	18.59	21.58	21.77	23.27	23.14

从表 3.1 可以看出，图 3.2（h）的 PSNR 值最大，即从理论上讲，图 3.2 中高斯滤波取 sigma=0.8 时获得了最好的图像恢复效果，其次为高斯滤波 sigma=1.8 和 3×3 算术均值滤波，Q=−1.5 的逆谐波均值滤波后 PSNR 比原噪声图像反而还要小，图像质量变得更差。注意在具体的图像处理中，不同的图像选择不同滤波算法，甚至不同的模板大小也会影响到滤波去噪的效果，读者可自行实验。

图 3.2 的 MATLAB 代码如下：

```
 I=imread('Lena.bmp');
A= imnoise(I,'Gaussian',0.05);
 J=im2double(A);
PSF=fspecial('average',3);
K=imfilter(J,PSF);
L=exp(imfilter(log(J),PSF));
imwrite(K,'算术均值滤波.bmp');
imwrite(L,'几何均值滤波.bmp');
 Q1=1.5;Q2=-1.5;
M1=imfilter(J.^(Q1+1),PSF);
M2=imfilter(J.^Q1,PSF);M=M1./M2;
N1=imfilter(J.^(Q2+1),PSF);
N2=imfilter(J.^Q2,PSF);N=N1./N2;
figure
subplot(131);
imshow(I,[]);
subplot(132);
imshow(J,[]);
subplot(133);
```

```
imshow(K,[]);
figure
subplot(131);
imshow(L,[]);
subplot(132);
imshow(M,[]);
subplot(133);
imshow(N,[]);
n1=fspecial('gaussian',3,0.5);
n2=fspecial('gaussian',3,0.8);
n3=fspecial('gaussian',3,1.8);
O=imfilter(J,n1);
P=imfilter(J,n2);
Q=imfilter(J,n3);
figure
subplot(131);
imshow(O,[]);
subplot(132);
imshow(P,[]);
subplot(133);
imshow(Q,[]);
```

注意代码中的 fspecial( )为 MATLAB 内嵌的点扩散函数，imwrite( )函数是写保存图像，以便用于后续的图像处理，尤其是 VC++图像处理的代码编写。

［实验研究 3.2］　对椒盐噪声的去除比较

图 3.3 所示是对 Blood 图像添加均值为 20%的椒盐噪声后，三种统计排序滤波及算术均值滤波、高斯滤波后的图像处理效果对比情况。

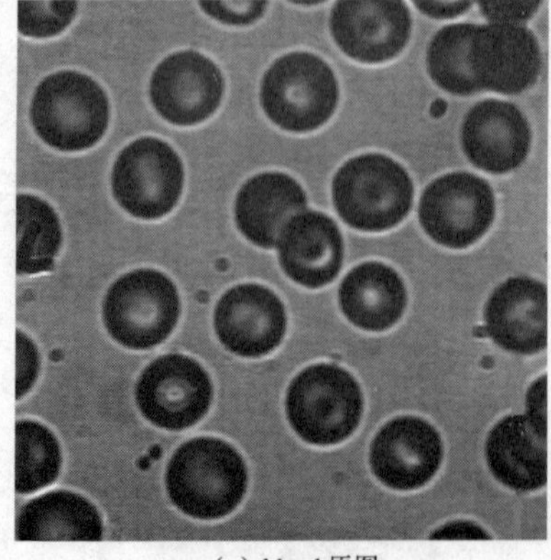

（a）blood 原图

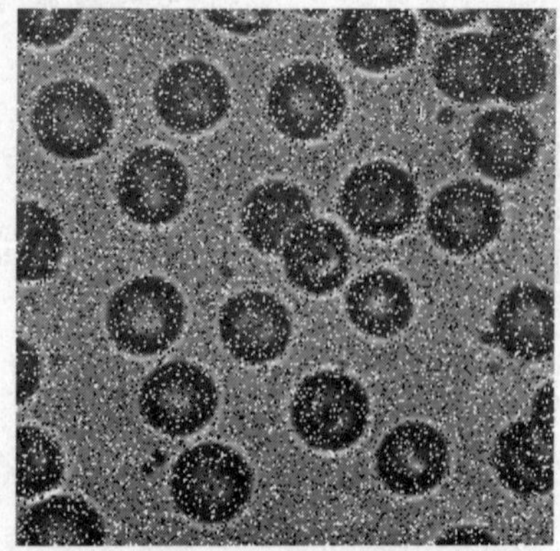

（b）含 20%的椒盐噪声

图 3.3　三种统计排序滤波及算术均值滤波、高斯滤波对椒盐噪声的处理效果

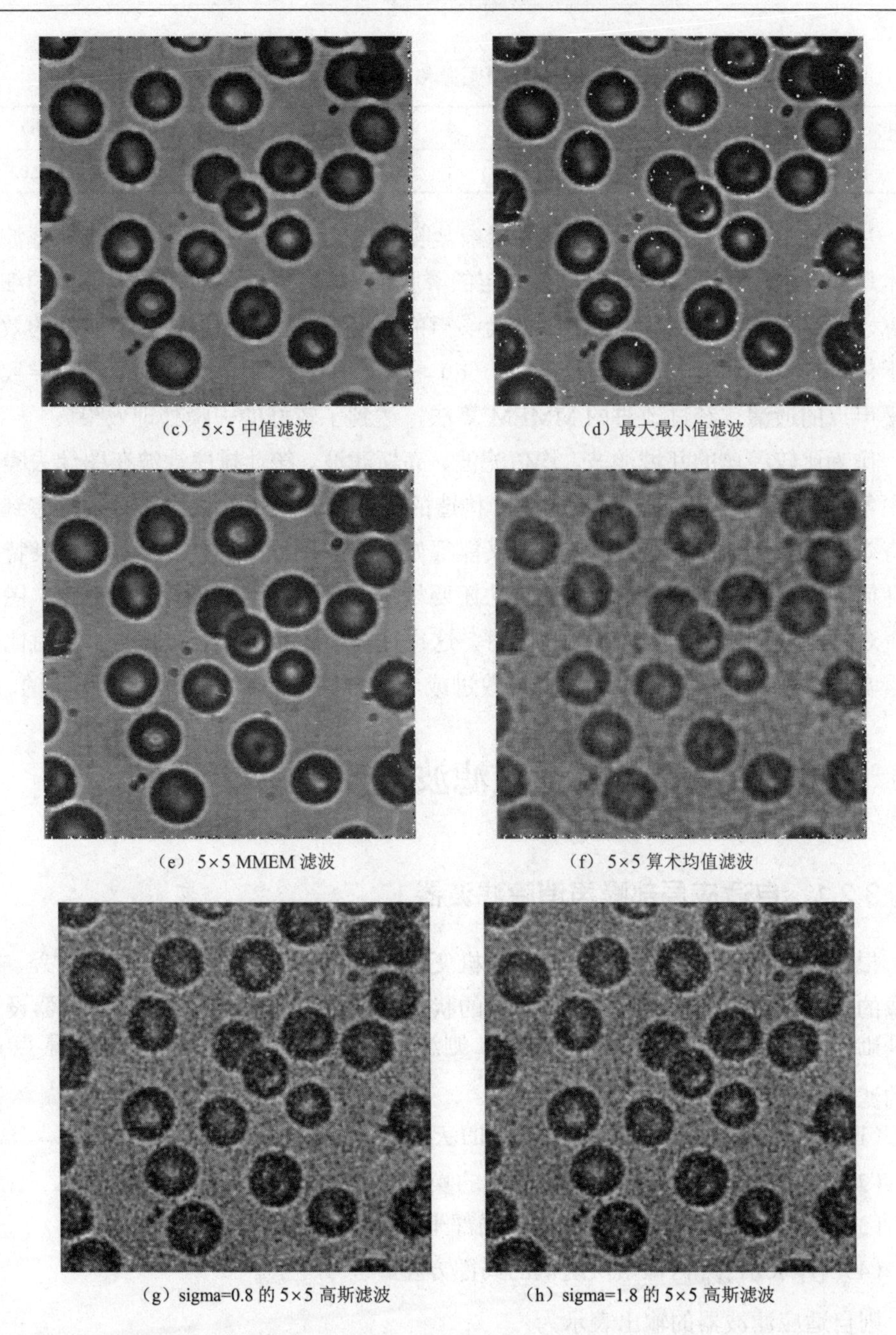

（c）5×5 中值滤波　　（d）最大最小值滤波

（e）5×5 MMEM 滤波　　（f）5×5 算术均值滤波

（g）sigma=0.8 的 5×5 高斯滤波　　（h）sigma=1.8 的 5×5 高斯滤波

图 3.3　三种统计排序滤波及算术均值滤波、高斯滤波对椒盐噪声的处理效果（续）

计算图 3.3 中噪声图像和复原图像的 PSNR 值，得如表 3.2 所示数据。

表 3.2　图 3.3 中噪声图像和复原图像的 PSNR 值

图 3.3 中的图像	(b)	(c)	(d)	(e)	(f)	(g)	(h)
PSNR	12.8	21.77	25.4	27.1	20.06	20.52	22.02

从图 3.3 和表 3.2 可以看出，去除椒盐噪声比较有效的方法是统计排序滤波，算术均值滤波和高斯滤波虽然也有一定的降噪能力，但是滤波后模糊了图像的细节信息，导致视觉效果不理想。由于椒盐噪声的灰度特点，最大值最小值滤波的效果优于传统的中值滤波算法，但是从 3.3（d）看出直接使用最值滤波，可能会导致某些噪声点的遗漏，经过改进的 MMEM 算法，达到了较好的去噪处理效果。

作为比较经典的邻域滤波，均值滤波、高斯滤波、统计排序滤波在图像去噪处理中各有优势，在具体的图像处理时，构造的有效抑制噪声的滤波器必须考虑到既能有效地去除目标和背景中的噪声，又能很好地保护图像目标的形状、大小及特定的几何和拓扑结构特征，而且滤波算法还要尽量做到不损坏图像轮廓及边缘，图像的主观视觉效果要好，客观评价也要好。这往往需要学术经验、实验仿真和对比研究来实现，某些时候需要对算法加以改进或者融合其他的算法来达到去噪目的。

3.2　自适应滤波及效果比较

3.2.1　自适应局部噪声消除滤波器

根据概率统计的知识可以知道，随机变量最简单的统计量就是均值和方差。在图像的局部区域，其均值和方差与图像的状态紧密相关，这就是自适应滤波器设计的基础。设滤波器作用于局部区域 N_{ij}，则滤波器在中心化的区域内任何像素点 x_{ij} 处的滤波器响应都基于以下四个参量：

（1）用 $g(i,j)$表示噪声图像在 $x_{i,j}$ 处的灰度值；

（2）σ_n^2 表示干扰 $f(i,j)$以形成 $g(i,j)$的噪声方差；

（3）m_{L} 表示 N_{ij} 内像素灰度值的局部平均；

（4）σ_{L}^2 表示 N_{ij} 内像素灰度值的局部方差。

则自适应滤波器的输出表示为

$$x_{i,j}^{\mathrm{out}} = g(i,j) - \frac{\sigma_n^2}{\sigma_{\mathrm{L}}^2}[g(i,j) - m_{\mathrm{L}}] \tag{3.2.1}$$

该自适应滤波器抓住了图像的统计信息，只要知道噪声的方差，就可以获得比较有针对性的处理效果。

3.2.2　自适应局部中值滤波

自适应中值滤波主要是为了改变中值滤波面对较高强度的噪声时的处理缺陷，比如边缘模糊、噪声去除不彻底等。比较经典的自适应中值滤波算法有根据预设条件动态改变中值滤波器的窗口尺寸和提前智能检测噪声密度，有针对性地自适应选择去噪方法，以达到兼顾去噪声作用和保护细节的效果。

下面是一种常见的自适应中值滤波的算法。

首先将模板在图像中漫游，并将模板中心与图像中某个像素的位置重合，记该点坐标为(i,j)；读取模板下各个对应像素的灰度值，并将它们从小到大排序；找出这些值里的最小值$x_{\min}$、中间值x_{med}、最大值$x_{\max}$，记当前坐标第i行j列处像素的灰度值为x_{ij}；记$a_1 = x_{\text{med}} - x_{\min}$，$a_2 = x_{\text{med}} - x_{\max}$，$b_1 = x_{ij} - x_{\min}$，$b_2 = x_{ij} - x_{\max}$，$w = 2r + 1$表示窗口尺寸，自适应中值滤波器分为以下两个步骤：

第一步：令r=1，如果a_1>0 且a_2<0，则执行第二步；否则，增大窗口的尺寸，如果增大后的尺寸小于或等于可允许的窗口的最大尺寸$w_{\max}$，则重复第一步；否则，直接输出x_{med}。

第二步：如果b_1>0 且b_2<0，则输出当前像素值x_{ij}，否则输出中值x_{med}。

3.2.3　自适应维纳滤波

维纳滤波是 Norbert Wiener 在 1942 年提出并于 1949 年发布的滤波器。与通常用于设计特定频率响应的滤波器设计理论不同，维纳滤波器从不同的角度实现滤波器，是一种基于最小均方误差准则的最优估计器。维纳滤波的输出与期望输出之间的均方误差保持最小，因此，它是一个比较好的滤波系统，可以用于提取被平稳噪声污染的信号，其目的是以统计方式滤除干扰信号的噪声。

在 MATLAB 中，函数 wiener()可以对噪声进行估计，根据图像中的噪声特点和图像的局部方差来调整输出，从而实现自适应维纳滤波。该函数用于图像去噪的调用格式为：

J=wiener2(I，[m,n])：

表示对图像 I 进行自适应滤波，窗口大小为$m \times n$，如果不指定窗口大小，则默认为3×3。J=wiener2(I，[m,n])函数用3×3窗口处理噪声时，去噪效果较差，故经常选用5×5的窗口。

3.2.4　自适应滤波去噪效果分析

［实验研究 3.3］　利用均值滤波、中值滤波、自适应局部中值滤波和自适应维

纳滤波对第 1 章图 1.3（b）、（c）、（d）的噪声图像做去噪处理。

图 3.4～图 3.6 展示了 4 种滤波器对第 1 章图 1.3（b）、（c）、（d）的噪声图像进行处理的实验效果对比。

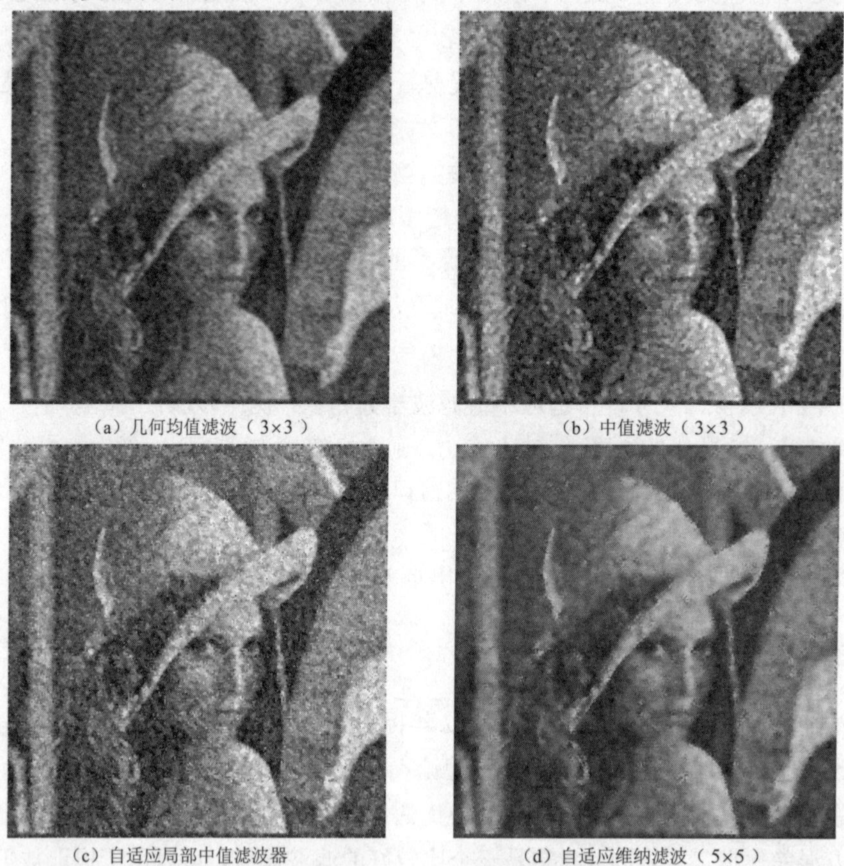

（a）几何均值滤波（3×3）　（b）中值滤波（3×3）

（c）自适应局部中值滤波器　（d）自适应维纳滤波（5×5）

图 3.4　去除高斯噪声的效果图像

（a）几何均值滤波（3×3）

（b）中值滤波（3×3）

图 3.5　去除乘性脉冲噪声的效果图像

（c）自适应局部中值滤波器

（d）自适应维纳滤波（ 5×5 ）

图 3.5　去除乘性脉冲噪声的效果图像（续）

（a）几何均值滤波（ 3×3 ）

（b）中值滤波（ 3×3 ）

（c）自适应局部中值滤波器

（d）自适应维纳滤波（ 5×5 ）

图 3.6　去除椒盐脉冲噪声的效果图像

从图 3.4～图 3.6 可以看出，4 种滤波算法对于高斯噪声和乘性脉冲噪声的处理效果不太理想，而对椒盐脉冲噪声的处理效果中，中值滤波、自适应中值滤波较好，对图像边缘信息保持较好，均值滤波容易模糊图像信息；自适应维纳滤波对方差比较小的高斯噪声去除效果较好，其他噪声的处理效果比较一般。

进一步做客观上的质量评价分析，计算得图 3.4～图 3.6 中图像的 PSNR 值如表 3.3 所示。

表 3.3　图 3.4～图 3.6 中图像及其 PSNR 值的列联表

图　序　号	PSNR			
	(a)	(b)	(c)	(d)
图 3.4	22.3	18.59	17.21	22.4
图 3.5	24.27	24.13	24.5	23.42
图 3.6	24.96	28.04	25.66	23.27

从表 3.3 可以看出，自适应维纳滤波在图像复原时的自适应性较强，对三种类型的噪声去除后，PSNR 值比较稳定，去噪效果良好；中值滤波以及改进的中值滤波对椒盐噪声的去除效果较好，但对高斯噪声的处理效果很差；四种滤波对乘性噪声的处理后 PSNR 大小差别不大，去噪效果相当。不过值得注意的是，自适应维纳滤波处理后，虽然图 3.5（d）的 PSNR 最大，但视觉效果却是图 3.4（d）和图 3.6（d）更好一点。图像复原的质量评价要结合主观的人眼感觉和客观的评价结果综合评价，方能给出比较科学的解读。

3.3　基于偏微分方程的去噪算法研究

3.3.1　偏微分方程去噪原理

用偏微分方程进行图像处理是近代兴起的一种图像处理方法，简称 PDE 法，主要用于低噪声的图像处理，并取得了良好的效果。偏微分方程具有各向异性特征，在用于图像去噪时，既可以消除噪声又能很好地保持边缘信息。PDE 去噪过程是：通过建立噪声图像为某非线性偏微分方程的初始条件，然后求解这个非线性偏微分方程，得到在不同时刻的解，即为滤波结果。

偏微分方程滤波模型通常分为两类，一类是从高斯平滑算子导出的偏微分方程，另一类是从最优化的问题出发，即变分方法导出的偏微分方程。

从高斯平滑算子导出的偏微分方程方面，Perona 和 Malik 提出的各向异性扩散方程在这个领域最具有影响力。他们提出用一个保持边缘的有选择性的扩散来替换Gaussian 扩散，它具有正向扩散的同时还具有向后扩散的功能，因此具有使图像平滑和锐化边缘的能力。后来众学者对其进行了改进工作，在确定扩散系数时，该方法具有较大的选择空间。偏微分方程在低噪声密度图像处理中取得了很好的结果，但是在处理高噪声密度图像时去噪效果不佳，并且处理时间明显更长。

源于约束最优化、最小化和变分方法的 PDE 方法的基本思想是将所研究问题归结为一个泛函极小问题；然后应用变分方法导出一个或一组偏微分方程；最后用数值计算方法求解此偏微分方程，得到所要的数值解，这个数值解就是一幅恢复图像。从高斯滤波引入的理论研究和数值运算表明，大部分线性滤波算子的极限都是一个微分算子，它本质上是一个热传导方程的解，可以视为一个各向同性均匀的热传导过程。

3.3.2　偏微分方程滤波模型的导出

从高斯平滑算子导出热传导方程的步骤如下。

首先基于高斯滤波器

$$G_\sigma(x,y) = C\sigma^{-1/2}\exp\left(-(x^2+y^2)\Big/4\sigma\right)$$

得

$$u(x,y,t) = G(x,y,t) * I(x,y) \tag{3.3.1}$$

从而热传导方程为

$$\partial_t u = \nabla^2 u\ ,\quad u(x,y,0) = I(x,y) \tag{3.3.2}$$

其中 $u(x,y,t)$ 表示 t 时刻的图像，$G(x,y,t)$ 为 t 时刻的高斯滤波，$u(x,y,0) = I(x,y)$ 表示原始图像。

热传导方程模型是向同性扩散方程，具有一定的局限性，因为它在各个方向上同等扩散，滤波的同时破坏图像的边缘信息。

2000 年，Perona 和 Malik 提出了基于 PDE 的非线性扩散滤波方法（以下简称P-M），P-M 是一种非线性的各向异性方法，目的是克服线性滤波方法存在的模糊边缘和边缘位置移动的缺点。基本思想是：图像特征强的地方减少扩散系数，图像特征弱的地方增强扩散系数。

P-M 扩散方程为非线性偏微分方程：

$$\begin{cases}\partial_t u = \nabla\cdot(c(|\nabla u|)\nabla u),\quad u(x,y,0) = I(x,y)\\ c(|\nabla u|) = \dfrac{1}{1+|\nabla u|^2/k^2}\end{cases} \tag{3.3.3}$$

扩散系数$c(|\nabla u|)$的作用是可以控制扩散速率，使得图像的边缘处扩散较慢，但是它对孤立噪声比较敏感。

以 P-M 模型为代表的这类方法已经在图像去噪增强、图像分割和边缘检测等领域得到了广泛的应用，取得了很好的效果。

Alvarez 等提出了基于“平均曲率流”各向异性扩散模型：

$$\partial_t u = |\nabla u| \operatorname{div}\left(\frac{\nabla u}{|\nabla u|}\right) \tag{3.3.4}$$

其中 div 表示散度操作，$u(x,y,t)$表示 t 时刻的图像，∇u 是图像的梯度，$u(x,y,0)=I(x,y)$为输入图像。

“平均曲率流”各向异性扩散模型在垂直于边缘的方向上限制了方程的扩散，滤波的同时保护了图像的边缘。

除了以上三种滤波导出的方程，从最优化的角度出发，还可用变分方法导出偏微分方程。

变分图像去噪方法要通过引入能量函数，将图像去噪问题转化成泛函求极值问题，即变分问题。变分法是研究泛函求极值问题的方法，它的主要步骤为：

第一步，从物理问题上建立泛函及其约束条件；

第二步，通过泛函变分，求得欧拉-拉格朗日方程；

第三步，在边界条件下求解，即求解微分方程。

利用二阶偏微分方程进行图像去噪时，由于初始条件的限制，容易导致阶越效应，使得图像的色阶看起来不够连续，某些区域出现“斑块”。高阶偏微分方程去噪模型利用了高阶偏微分方程对高频噪声平滑速度更快的特性，具有在良好地保持目标边缘信息的同时，防止阶越效应不利影响的优点。比较经典的高阶偏微分方程去噪模型有 You-Kaveh 高阶去噪模型、高阶总变差（总变差即 Total Variation，简称 TV）去噪模型、Lysaker-Lundervold-Tai 高阶去噪模型等，它们在一定程度上改善了阶越效应。

3.3.3 偏微分方程法的去噪比较

图 3.7（b）、（c）、（d）所示是对含噪图像（a）用各向同性扩散方程、P-M 方程和平均曲率流方法去噪的效果对比情况。

从图 3.7 可以看到，各向异性扩散滤波（平均曲率流）的去噪效果要优于热传导和 P-M 方程导出的滤波模型。

图 3.8 是截取的部分 Lena 图像、加噪声后的图像、含有阶越效应的及高阶去噪模型处理过的图像效果对比情况。

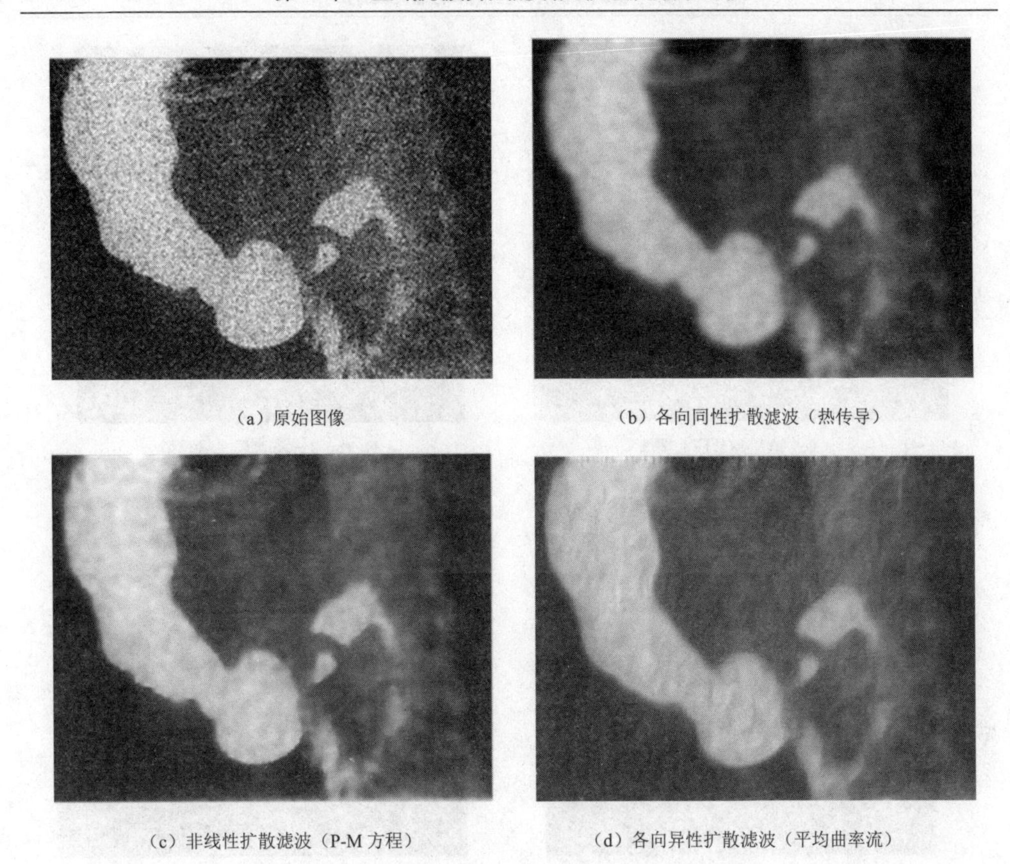

（a）原始图像　（b）各向同性扩散滤波（热传导）

（c）非线性扩散滤波（P-M 方程）　（d）各向异性扩散滤波（平均曲率流）

图 3.7　不同扩散滤波下偏微分方程去噪效果

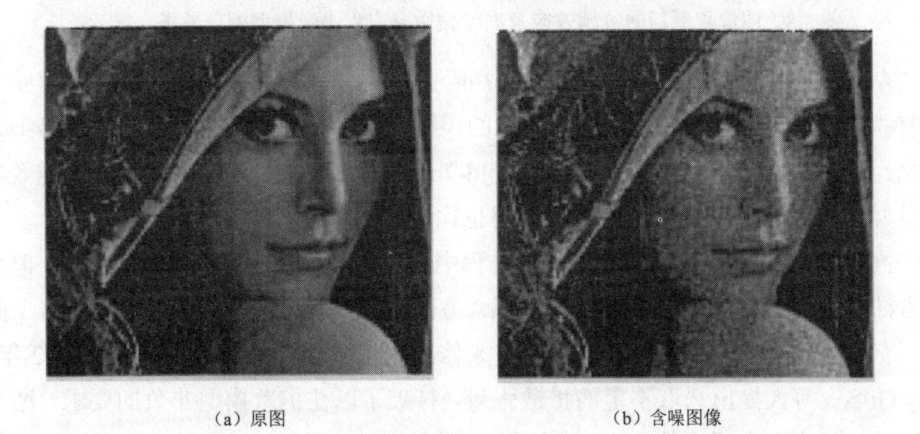

（a）原图　（b）含噪图像

图 3.8　图像复原后的阶越效应及高阶偏微分方程去噪模型处理效果

（c）含阶越效应的图像

（d）You-Kaveh 高阶去噪模型

（e）高阶 TV 模型

（f）Lysaker-Lundervold-Tai 高阶去噪模型

图 3.8　图像复原后的阶越效应及高阶偏微分方程去噪模型处理效果（续）

从图 3.8 可以看出，用 You-Kaveh 高阶去噪模型处理后的图像在脸颊、肩膀等没有再出现阶越效应，但是造成了图像的模糊，不能很好地保持图像的边缘等细节信息；高阶 TV 模型和 Lysaker-Lundervold-Tai 高阶去噪模型对脸颊部位的阶越效应有良好的去除能力，图像的细节保持得也比较好。

高阶偏微分方程模型在防止去噪过程中出现的阶越效应方面是很有效的，但这些方法也存在对图像中的高频信息敏感，易破坏纹理信息的缺点，为了解决这个问题，有多重基于梯度保真的算法提出，来修正高阶微分方程去噪的缺点。2002 年，Guy Gilboa 等人提出选取不定的扩散张量，打破了以往扩散模型非负的要求，通过改变其符号实现自适应的 FAB（正倒向）扩散；2004 年，Guy Gilboa 又提出了复扩散模型，把扩散模型引入到复域上。现在基于偏微分方程的图像去噪正向着更复杂的方向发展，与数学形态学、小波变换等相结合的复合去噪方法成为一个热门研究方向。偏微分方程去噪的方法涉及偏微分方程初始条件设定和连续方程的离散化问题，通常把微分方程转化为离散差分方程来求解。其算法为图像处理打开了一个特别的门，但相对于普通空域滤波的做法，表现得更为复杂。更为具体的偏微分方程去噪理论和方法请参阅相关文献。

3.4　基于形态学的滤波算法及仿真实验

3.4.1　数学形态学滤波器概述

形态学滤波器是基于数学形态学的基本运算而构建的滤波器，它可以有选择地抑制图像的结构，那些结构可以是噪声，也可以是不相关的图像目标。“数学形态学”又称为图像代数，诞生于 1964 年，最开始引入是为了对铁矿石的岩相进行定量分析，以预测铁矿石的可轧性。它是建立在集合代数基础上，用集合论的方法定量描述集合结构和几何形状的科学方法。形态学是生物学的一个分支，常用它来处理动物和植物的形状和结构，1985 年后，逐渐发展为分析图像几何特征、图像分割、特征提取、图像滤波去噪、图像增强和恢复等的图像处理工具。随着数学形态学逻辑基础的发展，其应用开始向边缘学科和工业技术方面发展，如工业控制、放射医学、运动场景分析等。目前，我国已研制出一些以数学形态学为基础的实用图像处理系统，如中国科学院软件研究所、电子研究所和自动化研究所参加研究的癌细胞自动识别系统等。

形态学滤波器主要针对二值图像进行处理，所有形态学运算都是对二值图像的前景物体进行的，通常情况下，图像相对于其背景颜色更深，故绝大多数 VC++代码都把前景灰度值二值化为 0(黑色)，背景灰度值二值化为 255(白色)。但 MATLAB 中嵌入的形态学相关函数与此相反，把图像二值化为白色，背景为黑色。

形态学滤波器中最基本的滤波算子为：腐蚀、膨胀、开、闭和细化运算，其基本思想是用具有一定形态的结构元素去量度和提取图像中的对应形状，以达到对图像分析和识别的目的。形态学滤波不同于常用的频域或空域滤波的方法，它通过物体和结构元素相互作用的某些运算，较为直观地得到物体的拓扑和结构信息等更本质的特点，较其他滤波器在图像处理方面具有明显的优势，主要体现为：

第一，可借助于先验的几何特征信息利用形态学算子有效地滤除噪声，同时可以保留图像中的原有信息；对边缘信息提取的处理优于基于微分运算的边缘提取算法，它不像微分算法对噪声那样敏感，同时提取的边缘也比较光滑。

第二，算法简单、易于实现，利用数学形态学方法进行图像识别和图像匹配时，提取的图像结构或骨架也比较连续，间断点少。

3.4.2　数学形态学的运算

1．腐蚀与膨胀

腐蚀和膨胀是数学形态学的两个基本运算，由此导出其他 6 个常用数学形态学运算：开运算，闭运算，命中和不命中，细化和粗化，它们是所有形态学运算的基础。

设 X 为一幅目标图像，S 为一个结构元素，将 S 在图像 X 上移动，则在每一个当前位置 x，称

$$X \ \Theta\ S = \{x \mid S[x] \subseteq X\} \text{ 或 } X \ \Theta\ S = \bigcap \{X[s] \mid -s \in S\} \tag{3.4.1}$$

为点集 $S[x]$ 对 X 的腐蚀。

从式（3.5.1）可以看出，构成腐蚀的点集是点 x 的全体构成的结构元素与图像 X 的最大相关点集；腐蚀又可看作图像平移的交，X 被 S 腐蚀的结果为所有使 S 被 x 平移后包含于 X 的全部点 x 的集合。

腐蚀可以收缩图像，使得图像变“瘦”，它能消除物体边界点，可以把小于结构元素的物体（毛刺、小凸起、噪声等）去除，通过选取不同大小的结构元素，腐蚀可以在原图像中去掉不同大小的物体，如指纹图像中充满了细小的粉尘颗粒噪声，可以采用和粉尘大小相近的结构元素去除，使指纹变得清晰。在做识别时，腐蚀可以去除小噪声点的影响。

腐蚀可以看作是把图像 X 中每一个与结构元素 S 全等的子集收缩为 x，膨胀则是将 X 中的每个点 x 扩大为 $S[x]$，其定义为

$$X \oplus S = \{x \mid S[x] \cap x \neq \varnothing\}$$

等价定义为

$$X \oplus S = \bigcup \{X[s] \mid s \in S[x]\}$$

$$X \oplus S = \bigcup \{S[x] \mid x \in X\} \tag{3.4.2}$$

其中前两个膨胀的定义形式在算法设计中更常用。

膨胀具有扩大图像的作用。通过膨胀我们可以让图像中的裂缝等得到填补，如一个有细划痕的照片，通过膨胀处理，可以恢复为比较完好的样子；再如车牌识别时，个别数字有断开，通过膨胀算法，可以实现数字的连续性。

图像的腐蚀和膨胀运算通常可以按照水平、垂直或者对角线方向进行，一般用模板卷积来实现，在黑白二值化灰度图像下，腐蚀和膨胀运算相当于扫描图像中的黑点和白点，按照式（3.5.1）和式（3.5.2）的集合运算进行重新赋值。在 MATLAB

中用 imerode()和 imdilate()函数实现对图像的腐蚀和膨胀操作，调用格式为：

```
J= imerode（I, SE）; J= imdilate（I, SE）
```

其中 I 为输入图像，J 为腐蚀或膨胀后的图像，SE 为自定义或预设的结构元素对象，由 stel()函数获得。

最常用的结构元素形状为矩形和圆盘形，调用格式分别为

矩形：SE=stel（'arbitrary',NHOOD）或 SE=stel（NHOOD）

NHOOD 一般为奇数阶矩阵，内部元素由 0 和 1 构成，结构元素的中心位于矩阵的中心；

圆盘形：SE=stel（'disk',R），R 为圆盘的半径。

图 3.9 所示是用 3×3 矩形模板对二值化图像进行不同方向的腐蚀和膨胀的效果。

数字图像处 理
Digital Image
Processing

（a）原二值化图像

数字图像处 理
Digital Image
Processing

（b）垂直方向腐蚀

数字图像处 理
Digital Image
Processing

（c）对图（b）水平方向膨胀

数字图像处 理
Digital Image
Processing

（d）对图（c）沿对角线方向膨胀

图 3.9　图像腐蚀和膨胀效果图

2. 开运算和闭运算

结构元素 S 对图像 X 做开运算是指 S 先对 X 做腐蚀再对结果做膨胀的运算，定义为

$$X \circ S = (X \ \Theta \ S) \oplus S \tag{3.4.3}$$

开运算又可表达为

$$X \circ S = \bigcup \{S[x] \mid x \in X\} \tag{3.4.4}$$

即 $X \circ S$ 是所有 X 的与结构元素 S 全等的子集构成的集合，$X \circ S$ 和 $X - X \circ S$ 恰好构成了 X 的分割，且分别包含了 X 的具有不同几何结构的部分。

开运算是一个基于几何结构的滤波器，可以消除图像中的散点和毛刺，断开狭窄的间断和消除细的凸角，使图像的轮廓变得光滑。

结构元素 S 对图像 X 做闭运算是指 S 先对 X 做膨胀再对结果做腐蚀的运算，定义为

$$X \cdot S = (X \oplus S)\ \Theta\ S \tag{3.4.5}$$

闭运算是开运算的对偶变换，同样能使图像的轮廓变得光滑，但与开运算相反，它能消除狭窄的间断和长细的鸿沟，消除小的孔洞，并填充图像的凹角和轮廓线中的裂痕，将两个邻近的区域连接起来。

在 MATLAB 中，开运算可以通过先后用 imerode()和 imdilate()函数来实现；闭运算通过先调用 imdilate()函数再调用 imerode()来实现，也可直接调用函数 imopen()和 imclose()来实现。由于形态学的开运算和闭运算具有消除图像噪声和平滑图像的功能，可使用形态学的开、闭运算建立起形态学滤波器。

3．细化运算

细化运算又称为骨架化，可以根据形态学中的击中与不击中变换来获得。细化的过程是先找到二值图像中所有的连通区域，然后用这些区域的质心作为这些连通区域的代表，即将连通区域像素化为质心处的一个像素。一个图像的骨架由一些直线和曲线（比较理想的是单像素宽度）构成，骨架可以提供一个图像目标的尺寸和形状信息，图像细化（骨架化）是进行图像识别、线条类图像目标分析的重要手段，常用在手写数字的识别或者特殊形状的骨架提取中。

结合细化和中心距原点矩的信息可以实现对手写数字的识别，一种细化处理的方法为：首先将手写数字归一化为宽 20 像素、高 36 像素的统一大小图像［见图 3.10（a)］，然后二值化、反色变换，再做细化处理，使之成为单个像素连接的连通状态，如图 3.10（b）所示。

（a）原始数字　　（b）反色、细化处理

图 3.10　手写数字细化效果图

因为数字细化后变为单像素连接，构成数字的像素灰度值为 0，故可以像素为单位计算出每个数字的长度，由此实现对数字的识别。但有些数字长度相同，这时候可以进一步考虑每个数字上下左右部分结构的长度比例，提高识别率。进一步地，

可以考虑细化后数字的一般中心矩和原点矩、极半径中心矩和极半径原点矩的差别，进一步归类，以达到比较好的数字识别效果。

3.4.3　形态学滤波器去噪算法仿真实验

形态滤波器的构造通常是通过“腐蚀→膨胀→膨胀→腐蚀”或者“膨胀→腐蚀→腐蚀→膨胀”，再结合开、闭运算来实现，根据具体图像特征把握腐蚀和膨胀的次数，以达到去噪声、去毛刺、去孤立点等的目的。图 3.11 所示是对图（a）中所示的病毒图像用 3×3 矩阵构成的结构元素形态学处理的效果。

从图 3.11 可以看出，形态学滤波器在对二值化图像进行处理时，开、闭运算可以去除图像中的颗粒噪声，根据程序的设定，腐蚀和膨胀可以去除图像中的黑点或者白点，也可以使图像中的连通块连接或者分开。

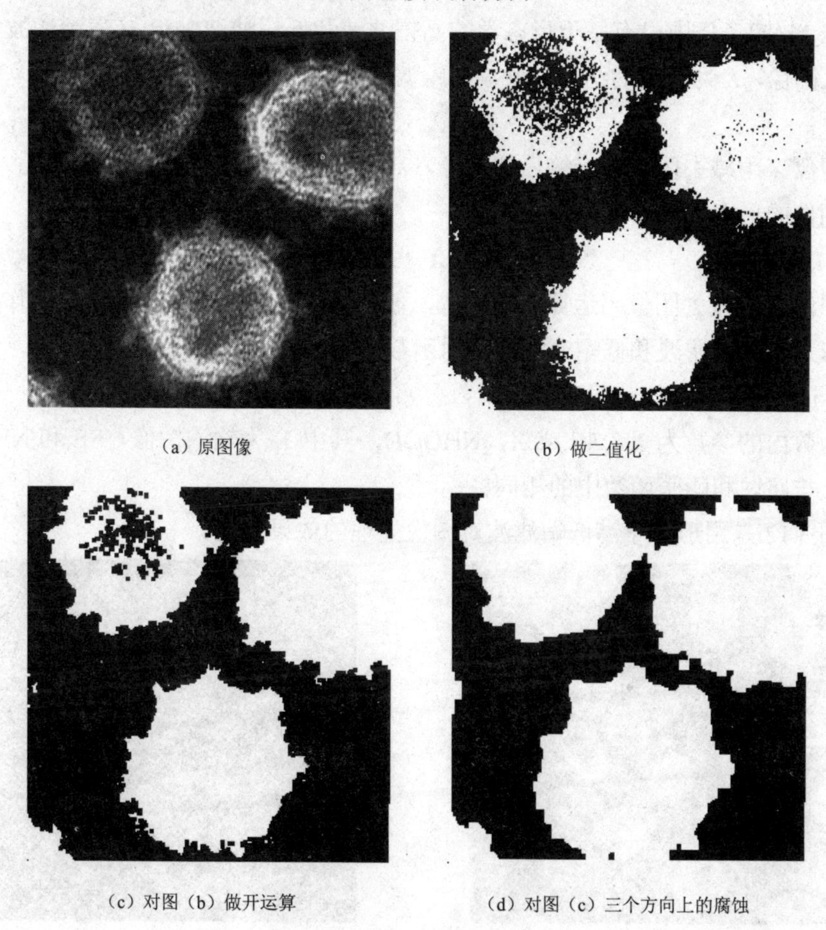

（a）原图像　（b）做二值化

（c）对图（b）做开运算　（d）对图（c）三个方向上的腐蚀

图 3.11　形态学滤波去噪过程

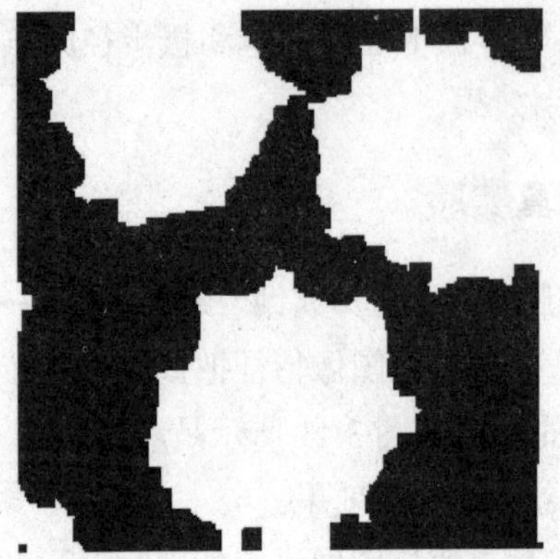

（e）对图（d）的膨胀　　（f）继续膨胀

图 3.11　形态学滤波去噪过程（续）

在 MATLAB 中，有基于形态学的高帽滤波和低帽滤波，记 H 表示滤波器，X 为输入图像，S 为指定的结构元素，高帽滤波 H 定义为

$$H = X - X \circ S$$

即从图像 X 中减去图像开运算后的图像，高帽滤波有增强图像信息的作用。

图像的形态学低帽滤波定义为

$$H = X - X \bullet S$$

即从图像 X 中减去图像闭运算后的图像，低帽滤波有获取图像边缘信息的作用。

形态学高帽滤波和低帽滤波的调用函数分别为

J=imtophat()和 J=imbothat()

函数内的参数为 X，SE 或 X，NHOOD，其中 X 为输入图像，SE 和 NHOOD 的意义与腐蚀和膨胀函数中的相同。

图 3.12 是用形态学高低帽滤波对图像处理的效果对比。

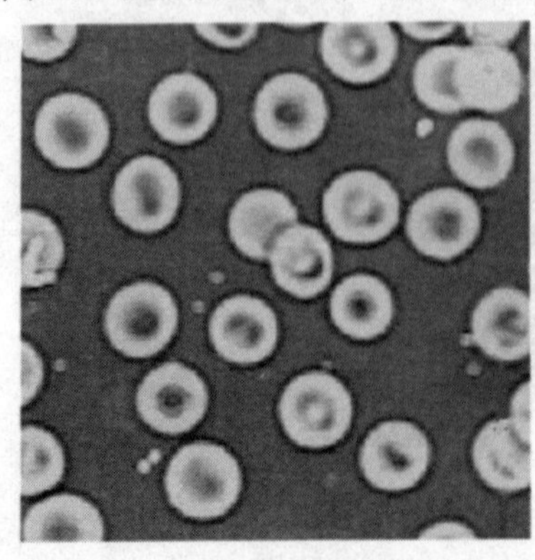

（a）原 blood 图

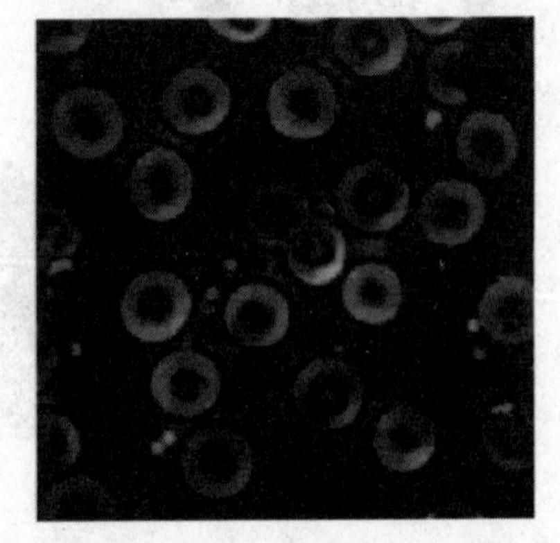

（b）高帽滤波后

图 3.12　高低帽滤波对图像的处理效果

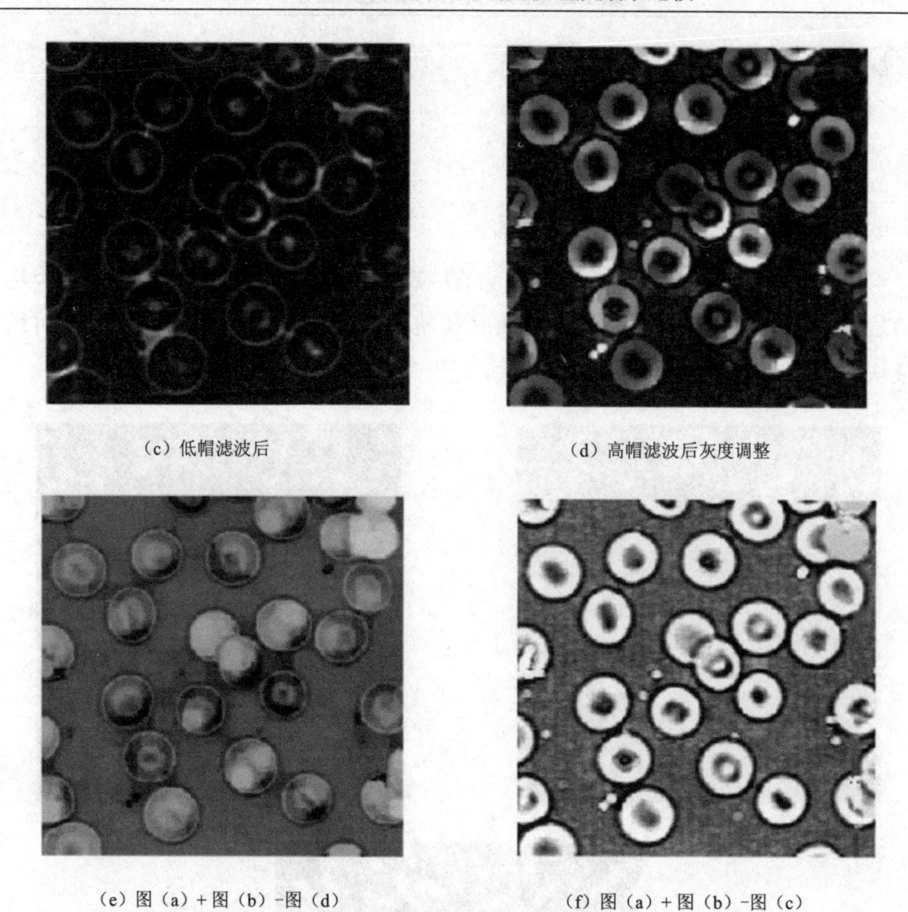

（c）低帽滤波后　　（d）高帽滤波后灰度调整

（e）图（a）+图（b）-图（d）　　（f）图（a）+图（b）-图（c）

图 3.12　高低帽滤波对图像的处理效果（续）

从图 3.12 看出，高低帽滤波综合运算能对图像起到边缘增强的作用，加入其他图像增强算法，如灰度调整等，能得到更好的图像增强效果。图 3.12 实现的 MATLAB 代码如下：

```
I=imread('blood.bmp');
se=strel('disk', 7);%取半径为 7 的圆盘结构元素
J=imtophat(I, se);%高帽滤波
K=imbothat(I, se);%低帽滤波
L=imadjust(J);%灰度调整
M=imsubtract(imadd(I, J), L);%加减操作
N=imsubtract(imadd(I, J), K);%加减操作
figure;
subplot(131);  imshow(I);
subplot(132);  imshow(J);
```

```
subplot(133);  imshow(K);
figure;
subplot(131);  imshow(L);
subplot(132);  imshow(M);
subplot(133);  imshow(N);
```

形态学滤波还能实现对细菌或者颗粒状物体的计数，图 3.13 所示是对 MATLAB 中的 rice 图像高帽滤波后灰度调整的效果图，进一步二值化，便可统计出某块区域内米粒的个数。

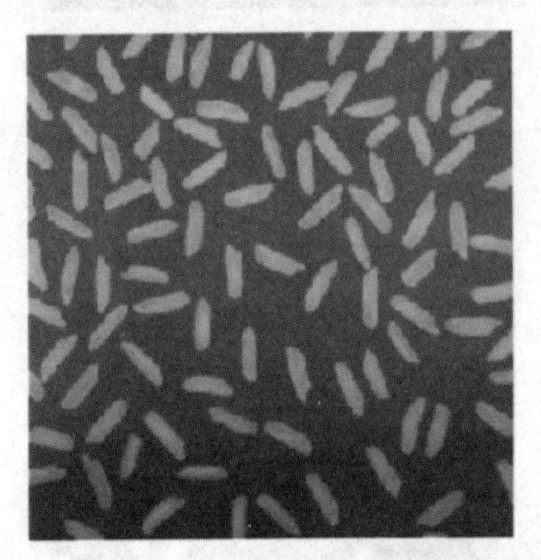

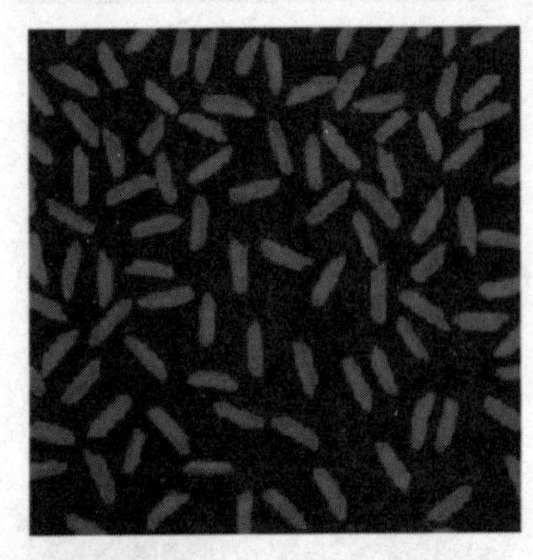

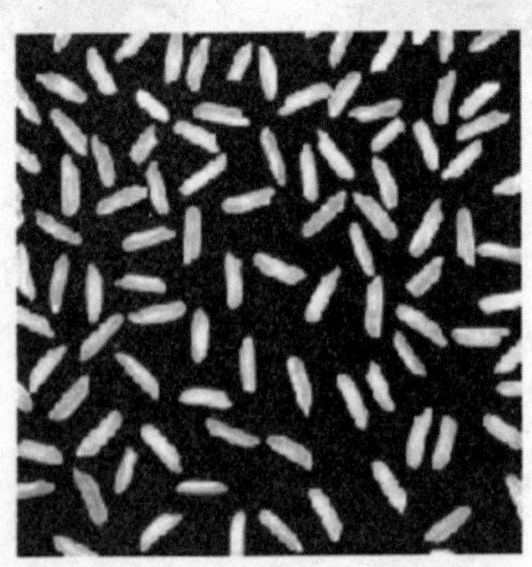

图 3.13　rice 图像的高帽滤波后效果

形态学滤波还可以设定一定的结构元素，消除小面积的毛刺或空洞，用于识别被风蚀的车牌、路标等图像信息。种子填充、边界跟踪、连通块数计算等都可以通过形态学相关的理论来实现。

3.5　本章小结

本章主要介绍了空域滤波的去噪原理和实现过程及实验对比分析，主要涉及算术均值滤波、几何均值滤波、逆谐波均值滤波、多幅图像平均法、高斯平滑滤波等邻域均值滤波；统计排序滤波的三种常见类型：中值滤波、最值滤波和百分比滤波的概念以及实现方式；邻域滤波及统计排序滤波图像处理的效果对比研究；自适应局部噪声消除滤波器、自适应局部中值滤波和自适应维纳滤波的实现原理及去噪效果对比；接下来介绍了偏微分方程去噪的实现原理和常用偏微分方程滤波模型的去噪效果；最后介绍了数学形态学滤波的运算，以及形态学滤波器的构造和应用实验分析。

第4章　频域滤波算法及去噪效果对比研究

频域滤波是首先将图像通过快速傅里叶变换（FFT）、离散余弦（DCT）变换或者小波变换等变换到频域，然后根据噪声信号与图像信号的频谱差异，通过设定合适的阈值或者运用函数卷积，尽可能地去掉噪声频谱而保留图像信号的频谱，最后再反变换回空域的过程。即：

$$f(x,y)\xrightarrow{\text{FFT或者小波变换}}F(u,v)\xrightarrow{\text{去噪滤波处理}H(u,v)}G(u,v)=F(u,v)H(u,v)\xrightarrow{\text{反变换}}g(x,y)$$

常见的频域滤波算法主要是基于 FFT 变换或者小波变换的，如基于傅里叶变换的各种低通、高通滤波器，带通带阻滤波器及同态滤波器等，离散傅里叶变换的全局性使得它在滤波处理时不够灵活，容易造成图像的模糊；小波变换是使用有限带宽基函数进行的变换，这些基函数不仅在频率上而且在位置上是变化的，因此小波变换在时域和频域均具备良好的定位能力，而且具有多分辨率的特性，在降低噪声的同时能够较好地保持图像的边缘细节，近年来引起了广泛的研究兴趣。

4.1　基于傅里叶变换的滤波算法

频域滤波中常见的维纳滤波、高斯滤波、高通滤波、低通滤波、带通带阻滤波等，大都是基于傅里叶变换而实现的。设图像 $f(x,y)$ 与线性位不变函数的卷积为 $g(x,y)$，即 $g(x,y)=f(x,y)*h(x,y)$，根据傅里叶变换的卷积定理，有

$$G(u,v)=F(u,v)H(u,v) \tag{4.1.1}$$

式中，$G(u,v),F(u,v),H(u,v)$ 分别为 $g(x,y),f(x,y),h(x,y)$ 的傅里叶变换，$H(u,v)$ 通常称为转移函数或者传递函数。

通常情况下，$f(x,y)$ 是已知图像，$F(u,v)$ 由傅里叶变换得来，需要确定和做出设计的是 $H(u,v)$，以得到满足需求的反变换图像 $g(x,y)$，$g(x,y)$ 为式（4.1.1）的傅里叶反变换，即：

$$g(x,y)=\mathcal{F}^{-1}[F(u,v)H(u,v)] \tag{4.1.2}$$

具体操作步骤如下：

第一步　利用傅里叶变换，将原始图像从空域转换到频域，得到频谱信息图；

第二步　将频谱图像的零频点移动到频谱图的中心位置；

第三步　将频谱图像与一个事先设计好的转移函数（又叫传递函数）做乘积，以实现滤波功能；

第四步　将运算结果的零频点移回频谱图的左上角；

第五步　在移动坐标后对新的频谱图进行傅里叶反变换，最后得到滤波结果。

为了方便运算，张铮等在《数字图像处理与机器视觉》一书中给出了基于傅里叶变换和反变换的用于频域滤波的函数 imfreqfilt()，该函数实现了将频谱图像的原点移动至图像中心，并进行原点在中心的滤波处理，最后用 iffshift()函数将原点移回以实现傅里叶反变换。该函数的完整代码如下：

```
function out = imfreqfilt(I, ff)
if (ndims(I)==3) && (size(I,3)==3)   % RGB 图像转化为灰度图
    I = rgb2gray(I);
end
if (size(I) ~= size(ff))
    msg1 = sprintf('%s: 滤镜与原图像不等大，检查输入', mfilename);
    msg2 = sprintf('%s: 滤波操作已经取消', mfilename);
    eid = sprintf('Images:%s:ImageSizeNotEqual',mfilename);
    error(eid,'%s %s',msg1,msg2);
end
f = fft2(I);
s = fftshift(f);
out = s .* ff;
out = ifftshift(out);
out = ifft2(out);
out = abs(out);
out = out/max(out(:));
```

4.1.1　低通滤波及去噪效果比较

信号或者图像的绝大多数能量往往集中在幅度谱的低频或者中频段，而在较高的频段，感兴趣的信息常被噪声污染，由此，一个能够降低高频成分幅度的滤波器就能起到降低噪声的作用。

目前常见的低通滤波器主要有简单低通滤波器、巴特沃斯低通滤波器、理想低通滤波器、高斯低通滤波器等，某些图像也可以考虑设计带通带阻滤波器来去除部分噪声。

1. 理想低通滤波器

理想低通滤波器的设计比较简单，是利用比较“粗野”的方法截断所有的高频成分，由下列 3 个步骤组成：

（1）将图像进行傅里叶变换；

（2）将大于某个设定值 T 的高频部分的幅度谱设置为零；

（3）求傅里叶反变换。

这种方法相当于用一个矩形脉冲去乘以幅度谱，该矩形脉冲可以简单表示为：

$$H(u,v)=\begin{cases}1 & \text{频谱幅度}\leqslant T\\ 0 & \text{频谱幅度}>T\end{cases} \tag{4.1.3}$$

高频直接截取的方法比较容易操作，故称为理想低通滤波器。基于数学中的极限理论，该滤波器也看作是利用 $\dfrac{\sin x}{x}$ 函数与信号或者图像做卷积运算。而 $\dfrac{\sin x}{x}$ 函数在尖峰或者边界附近容易出现振铃效应，故理想低通滤波器的应用比较有限。

图 4.1 给出了理想低通滤波器对高斯噪声的处理效果，从图中可以看出在平滑噪声的同时，也模糊了图像细节，而且阈值的选取比较重要，要针对不同图像选择不同的阈值。

（a）含有方差为 0.05 的高斯噪声的 Lena 图

（b）理想低通滤波处理（T=250）的效果图

图 4.1　理想低通滤波器对高斯噪声的处理效果

2. 高斯低通滤波器

高斯低通滤波器是计算机视觉应用中常用的低通过滤器。基于傅里叶变换的高斯低通滤波器，其频率域的二维形式由二维高斯分布给出：

$$H(u,v)=\mathrm{e}^{-\left[\left(u-\frac{M}{2}\right)^2+\left(v-\frac{N}{2}\right)^2\right]/2\sigma^2} \tag{4.1.4}$$

式（4.1.4）中 M，N 分别表示图像的宽度和高度。

二维高斯函数有相对简单的形式，其傅里叶变换和反变换还是实值高斯函数，σ 表示标准差，σ 越大，H 的图像越偏平、宽广；σ 越小，H 的图像越变窄、中心越高尖；高斯分布数据遵循著名的 3σ 原则，即在均值加减 3σ 的区域内涵盖了大概 99.73%的信息，在均值加减 2σ 的区域内涵盖了大概 95.44%的信息，而在均值加减 σ 的区域内涵盖了大约 68.26%的信息。在实际低通滤波器设计时，往往需要根据具体噪声图像特点，设置合适的 σ 值。

MATLAB 构造高斯低通滤波器函数的代码如下：

```
Y=imgaussflpf(I,sigma)
[M,N]=size(I);
Out=ones(M,N);
for i=1:M
   for j=1:N
       out(I,j)= exp(-((i-M/2)^2+(j-N/2)^2)/2/sigma^2);
   end
end
```

其中 Y 为高斯低通滤波后的频谱图像输出，I 为输入的原图像，sigma 为高斯函数参数（σ），代表标准差。

图 4.2 是高斯低通滤波器后的频谱图像以及不同 Sigma 下的滤波效果对比。

（a）pepp 原图

（b）含 0.1 的乘性噪声的 pepp

图 4.2　不同 sigma 下高斯低通滤波器的图像处理效果对比

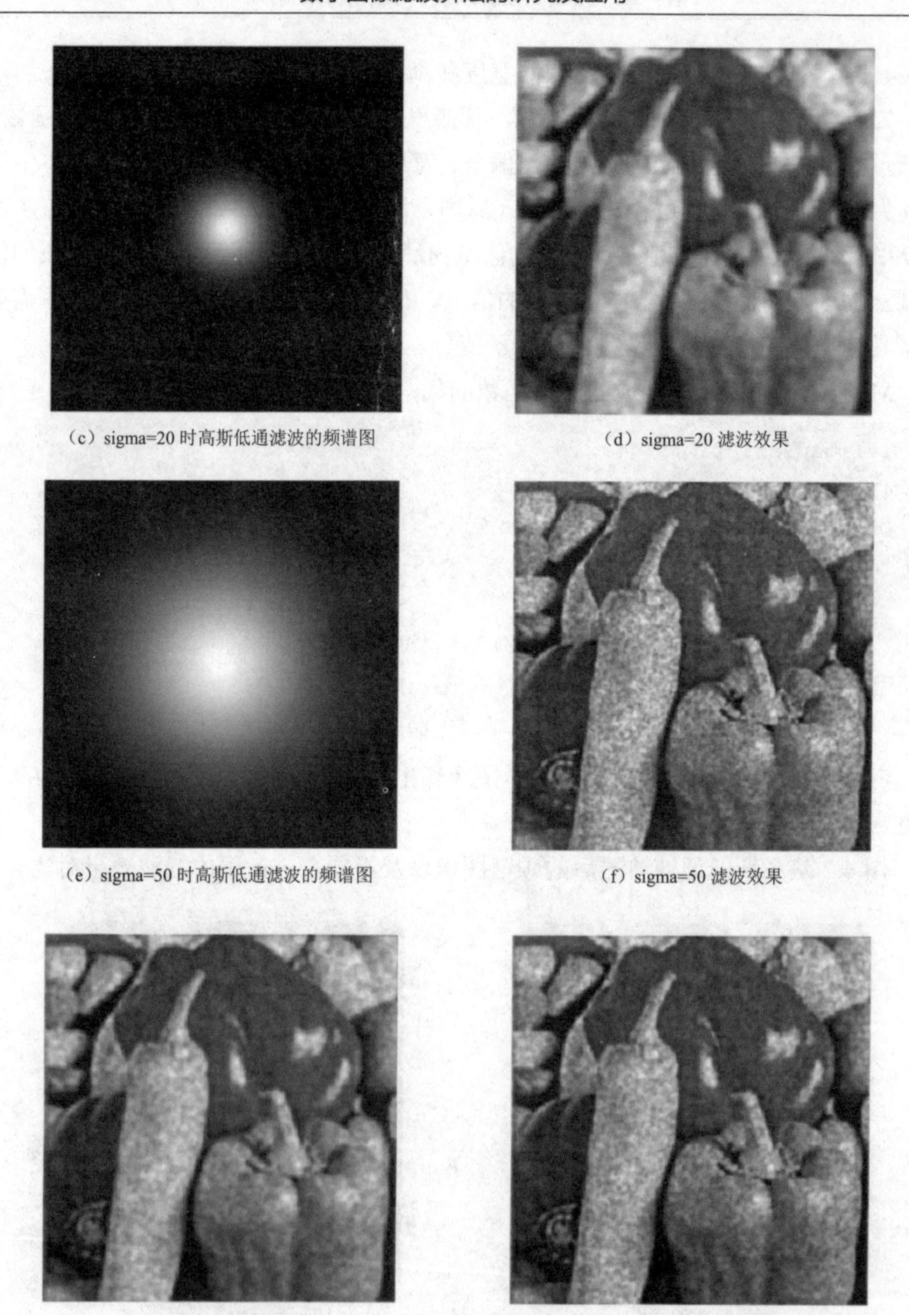

（c）sigma=20 时高斯低通滤波的频谱图　（d）sigma=20 滤波效果

（e）sigma=50 时高斯低通滤波的频谱图　（f）sigma=50 滤波效果

（h）sigma=30 的滤波效果　（i）sigma=40 滤波效果

图 4.2　不同 sigma 下高斯低通滤波器的图像处理效果对比（续）

在图 4.2 的（c）、（e）频谱图中，亮度越大的代表频谱越低，亮度越小频谱越高。从图 4.2 可以看出不同 Sigma 取值下的去噪效果，sigma 越小，去噪效果越好，但是图像变得越模糊，细节丢失的越多；sigma 越大，图像的细节保持的越好，但是去噪效果也会变得越差，故具体的图像处理时，要选择合适的 sigma 来达到理想的图像处理效果。

图 4.2 的 MATLAB 程序代码如下：

```
I1 = imread('pepp.bmp');
I = imnoise(I1,'speckle',0.10);
I=im2double(I);
J1=imgaussflpf (I,20);
K1=imfreqfilt(I,J1);
J2=imgaussflpf (I,50);
K2=imfreqfilt(I,J2);
J3=imgaussflpf (I,30);
K3=imfreqfilt(I,J3);
J4=imgaussflpf (I,40);
K4=imfreqfilt(I,J4);

figure
subplot(121);
imshow(I1,[]);
subplot(122);
imshow(I,[]);

figure
subplot(121);
imshow(J1,[]);
subplot(122);
imshow(K1,[]);

figure
subplot(121);
imshow(J2,[]);
subplot(122);
imshow(K2,[]);

figure
subplot(121);
imshow(K3,[]);
```

```
subplot(122);
imshow(K4,[]);
```

3. 巴特沃斯（Butterworth）低通滤波器

Butterworth 低通滤波器的传递函数是处处连续、处处光滑的，因此在滤去频率和通过频率之间没有明显的不连续性，又被称为平坦滤波器。这种滤波器最先是由英国的斯替芬·巴特沃斯在 1930 年发表的论文《滤波器放大器理论研究》中提出的，它的特性是连续性衰减，而不像理想滤波器那样陡峭变化。因此采用该滤波器滤波在抑制噪声的同时，图像边缘的模糊程度大大减小，几乎没有振铃效应产生。

n 阶 Butterworth 低通滤波器的传递函数为

$$H(u,v)=\frac{1}{1+[D(u,v)/D_0]^{2n}} \tag{4.1.5}$$

式中，D_0 为截止频率到原点的距离；$D(u,v)=\sqrt{u^2+v^2}$，表示(u,v)到原点的距离。n 为阶数，取正整数，用来控制衰减速度，n 越大衰减速度越快。

从式（4.1.5）可以看出，在 $D(u,v)=D_0$ 处，$H=\frac{1}{2}H_{\max}$，在图像处理中，往往根据具体的图像特点，选择合适的截止频率和阶数。通常将 $H(u,v)$ 下降到最大值的 50%的分数值点，定义为“截止频率” D_0，或者将下降到最大值的 $\frac{1}{\sqrt{2}}$ 时的分数值点作为截止频率 D_0。

图 4.3 是 Butterworth 低通滤波对噪声的处理效果对比示例。

在 VC++程序下，选 n=1，截止频率 D_0 分别取 100，200，400 时对加有 10%椒盐噪声的 Bird 图像进行图像处理，效果对比如图 4.3 所示。

（a）加 10%椒盐噪声的 Bird 图像

（b） $D_0=100$

图 4.3　加有 10%椒盐噪声的 Bird 图像的 Butterworth 滤波效果

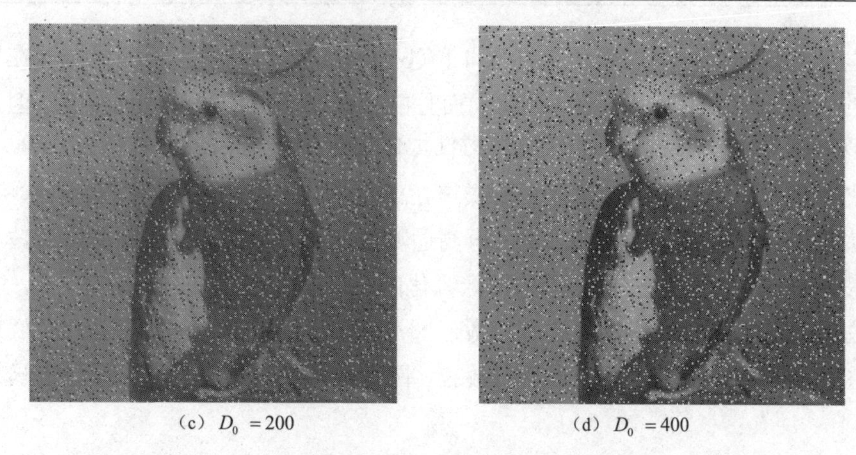

（c） $D_0 = 200$　　　（d） $D_0 = 400$

图 4.3　加有 10%椒盐噪声的 Bird 图像的 Butterworth 滤波效果（续）

选 n=2，截止频率 D_0 分别取 100，200，300 对加有均值为 0，方差为 0.05 的高斯噪声的 Lena 图像进行图像处理，效果对比如图 4.4 所示。

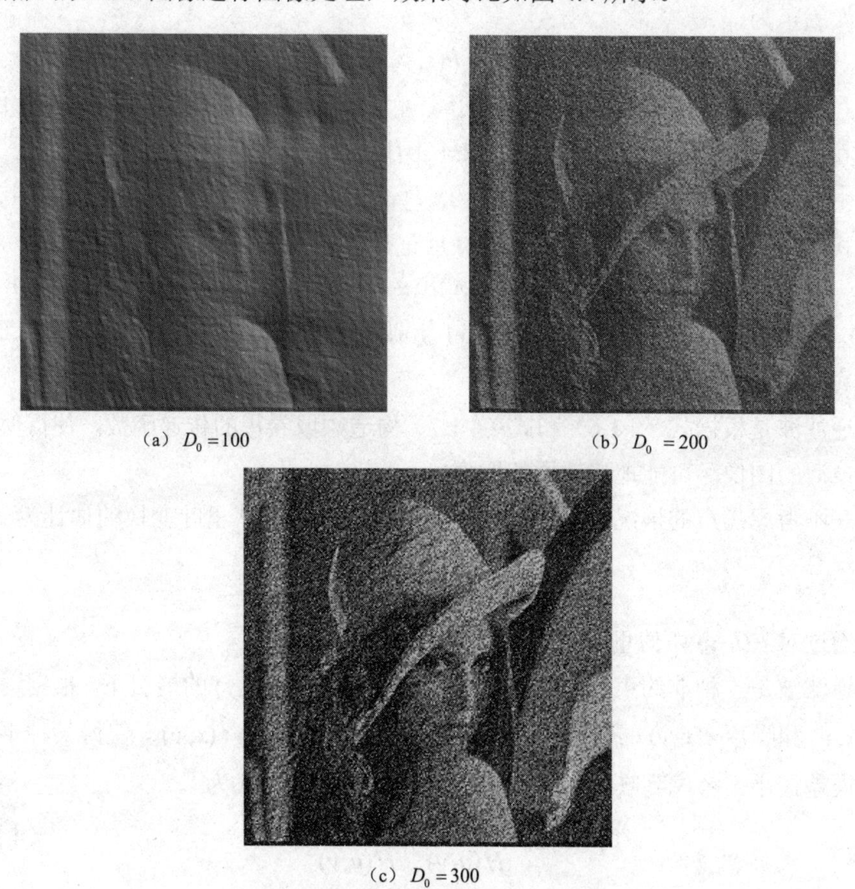

（a） $D_0 = 100$　　　（b） $D_0 = 200$

（c） $D_0 = 300$

图 4.4　Butterworth 低通滤波对图 4.1（a）的处理效果

与理想低通滤波处理效果［见图 4.1（b）］相比，巴特沃斯低通滤波器在去除噪声的同时，几乎没有“振铃”现象，而且能够减弱图像边缘的模糊程度，但是要达到较好的处理效果，需要比较有针对性地做出阶数 n 和截止频率 D_0 的选择。

通常情况下，低通滤波可以平滑噪声，高通滤波能突出边缘等细节信息，所以设计去噪滤波器往往是先低通滤波，再高通滤波的综合处理。频域中低通滤波和高通滤波是对应空域中的图像平滑和图像锐化的。

在频域去噪中，低通滤波还有指数低通滤波、梯形低通滤波等，这两种低通滤波在图像去噪时均不会产生“振铃”效应，图像的模糊程度也较轻，但是去噪效果一般。

4.1.2 逆滤波及去噪分析

假定成像系统是线性位移不变系统，它的点扩散函数用 $h(x,y)$ 表示，则获取的图像表示为

$$g(x,y)=h(x,y)*f(x,y)$$

式中，$f(x,y)$ 表示理想的、没有退化的图像。$*$ 表示卷积，$h(x,y)$ 又称为退化函数。

若受加性噪声 $n(x,y)$ 的干扰，则退化图像为

$$g(x,y)=h(x,y)*f(x,y)+n(x,y) \tag{4.1.6}$$

式（4.1.6）通过傅里叶变换到频域后记为

$$G(u,v)=H(u,v)F(u,v)+N(u,v) \tag{4.1.7}$$

式（4.1.7）中，$G(u,v)$，$F(u,v)$，$H(u,v)$ 分别表示退化图像、原图像的傅里叶变换，$N(u,v)$ 为频域内加性噪声。

逆滤波是根据式（4.1.6）和式（4.1.7）构造频域卷积的传递函数，使得傅里叶反变换后的图像尽可能地接近原始图像。

在不考虑噪声的情况下，逆滤波计算的原始图像的傅里叶变换的估计为

$$\hat{F}(u,v)=\frac{G(u,v)}{H(u,v)}$$

然后通过对 $\hat{F}(u,v)$ 做傅里叶反变换得到图像的估计值。

逆滤波是一种非约束复原方法，在已知退化图像 $g(x,y)$ 的情况下，根据退化函数 $h(x,y)$ 和噪声 $n(x,y)$ 的一些信息，做出对原图像的估计 $\hat{f}(x,y)$，使得某种事先约定的误差最小。考虑到噪声的影响，退化图像的估计公式为

$$\hat{F}(u,v)=\frac{G(u,v)}{H(u,v)}-\frac{N(u,v)}{H(u,v)} \tag{4.1.8}$$

注意：当同频带内存在的零点，即 $H(u,v)=0$ 而 $N(u,v)$ 不是 0 且也不是很小的

情况时，相应的空间频率成分已在拍摄时丢失，滤波后的图像中自然无法恢复这些频率的信息。在该频率处，逆滤波器也无法实现无穷大的透过率，因而只能做成有限形式的逆滤波器。此时，可以给逆滤波附加一些限制条件，只在原点附近的有限邻域内进行复原，成为伪逆滤波。

在了解退化模型的前提下，逆滤波可以对某些退化图像做出比较好的复原效果，但是逆滤波的设计对噪声模型要求较高，自适应性比较一般。

图 4.5 给出对 Lena 图像添加高斯退化，并用逆滤波进行图像复原的示例。编写 MATLAB 代码如下：

```
I=imread('Lena.bmp');
I=im2double(I);
[m, n]=size(I);
M=2*m; n=2*n;
u=-m/2:m/2-1;
v=-n/2:n/2-1;
[U, V]=meshgrid(u, v);
D=sqrt(U.^2+V.^2);
D0=120;
H=exp(-(D.^2)./(2*(D0^2)));
J=fftfilter(I, H);
HC=zeros(m, n);
M1=H>0.1;
HC(M1)=1./H(M1);
K=fftfilter(J, HC);
HC=zeros(m, n);
M2=H>0.0001;
HC(M2)=1./H(M2);
L=fftfilter(J, HC);
figure;
subplot(131);  imshow(J,[ ]);
subplot(132);  imshow(K,[ ]);
subplot(133);  imshow(L,[ ]);

N=0.01*ones(size(I,1), size(I,2));
N=imnoise(N, 'gaussian', 0, 0.0005);
Mn=fftfilter(I, H)+N;
HC=zeros(m, n);
M3=H>0.1;
```

```
HC(M3)=1./H(M3);
Nn=fftfilter(Mn, HC);

HC=zeros(m, n);
M4=H>0.0001;
HC(M4)=1./H(M4);
On=fftfilter(Mn, HC);

figure;
subplot(131); imshow(Mn,[ ]);
subplot(132); imshow(Nn,[ ]);
subplot(133); imshow(On,[ ]);
```

运行结果显示的图像如图 4.5 所示。

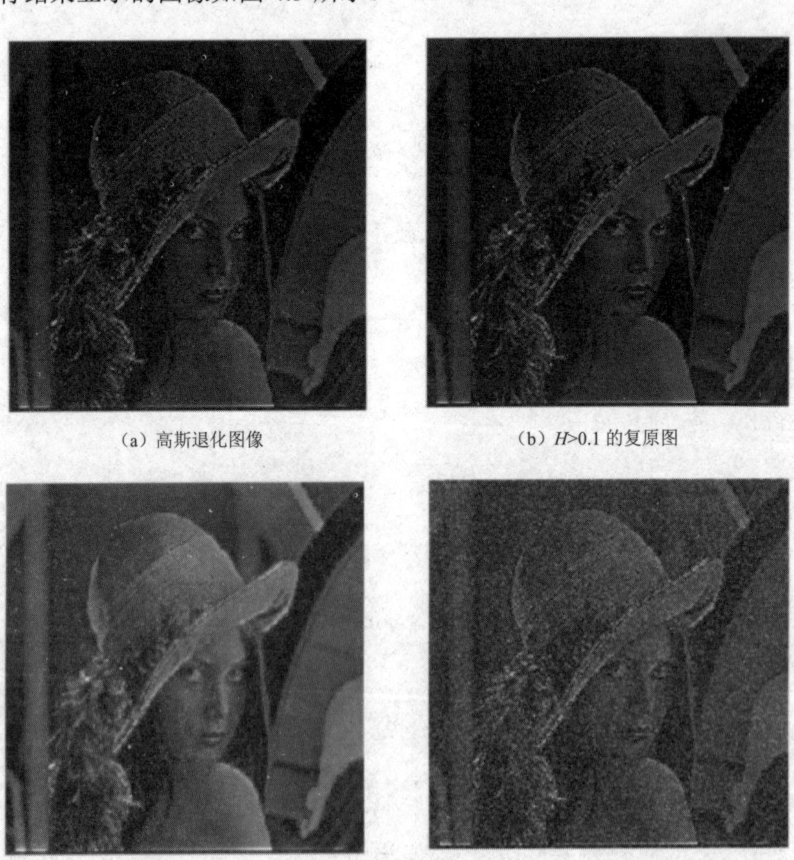

（a）高斯退化图像

（b）H>0.1 的复原图

（c）H>0.0001 的复原图

（d）加入高斯退化和高斯噪声的 Lena 图像

图 4.5　逆滤波在不同频率限制下图像复原效果

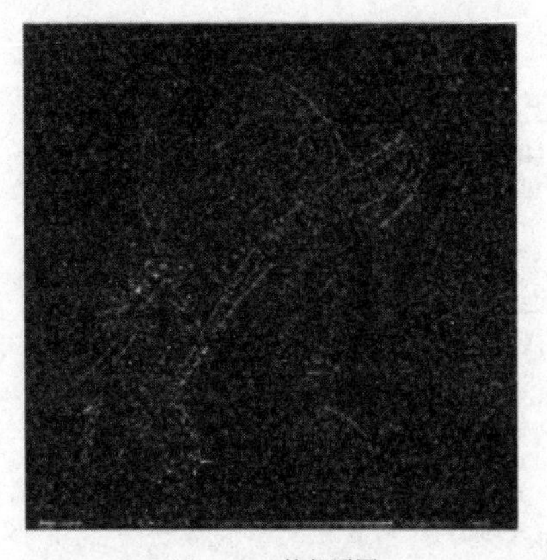
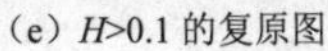

（e）H>0.1 的复原图

（f）H>0.0001 的复原图

图 4.5　逆滤波在不同频率限制下图像复原效果（续）

从图 4.5（a）～（c）可以看出，逆滤波在图像退化复原时，频率范围较大会突出边缘等高频细节信息，但整体图像不清晰；频率范围较小时图像复原效果越好。从图 4.5（d）～（f）可以看出，逆滤波用于图像去噪复原时，频率范围较大会放大噪声，频率范围较小又达不到去噪的效果，二者之间有一定的矛盾。逆滤波对噪声非常敏感，在已知退化模型的情况下能表现出较好的去噪效果，但是对于未知的来源的噪声，去噪效果往往很不理想。

4.1.3　维纳（Wiener）滤波

维纳滤波器也称为最小二乘滤波、最小均方误差滤波，它是一种有约束的线性滤波器，其本质是使估计误差（定义为期望响应与滤波器实际输出之差）的均方值最小化。在图像复原领域，维纳滤波具有良好的图像恢复效果，简单的代码实现方式和计算工作量小、抗噪声干扰能力强的特点，因此被广泛应用于图像恢复领域，尤其是应用在运动模糊的图像复原方面。维纳滤波可以实现空域滤波和频域滤波，以及与其他滤波的混合应用。

在频域中做图像处理时，维纳滤波器是使得复原后图像 $\hat{f}(x,y)$ 与原始图像 $f(x,y)$ 的均方误差最小下设计的线性最优滤波器。首先找点扩散函数 $h_w(x,y)$，假设退化图像为 $g(x,y)$，则复原后图像 $\hat{f}(x,y)=h_w(x,y)*g(x,y)$，经离散傅里叶变换后得

$$\hat{F}(u,v)=H_w(u,v)G(u,v) \tag{4.1.9}$$

Andrews 和 Hunt 推导出了满足这一要求的传递函数为

$$H_w(u,v)=\frac{H^*(u,v)}{|H(u,v)|^2+\dfrac{S_n(u,v)}{S_f(u,v)}} \tag{4.1.10}$$

代入式（4.1.9）得

$$\hat{F}(u,v)=\frac{H^*(u,v)}{|H(u,v)|^2+S_n(u,v)/S_f(u,v)}G(u,v)$$

或

$$\hat{F}(u,v)=\left[\frac{1}{H(u,v)}\frac{|H(u,v)|^2}{|H(u,v)|^2+S_n(u,v)/S_f(u,v)}\right]G(u,v) \tag{4.1.11}$$

式中，$H^*(u,v)$ 是 $H(u,v)$ 的复共轭，$S_n(u,v)$ 是噪声功率谱，$S_f(u,v)$ 是输入图像的功率谱。

注意：

（1）当 $S_n(u,v)$ 远远小于 $S_f(u,v)$ 时，$H_w(u,v)\approx\frac{1}{H(u,v)}$，此时维纳滤波退化为逆滤波；

（2）当未退化图像的功率谱 $S_f(u,v)$ 难以获得时，通常用下式近似计算：

$$\hat{F}(u,v)=\left[\frac{1}{H(u,v)}\frac{|H(u,v)^2|}{|H(u,v)^2|+K}\right]G(u,v) \tag{4.1.12}$$

其中，K 为常数，需要根据具体的图像特征做出合理选择。

频域下维纳滤波复原图像的基本步骤为：

(1)计算退化图像 $g(x,y)$ 和点扩展函数 $h(x,y)$ 的二维 Fourier 变换 $G(u,v)$ 和 $H(u,v)$；

（2）计算退化图像和噪声的功率谱 $S_f(u,v)$ 和 $S_n(u,v)$；

（3）计算滤波器 $H_w(u,v)=\dfrac{H^*(u,v)}{|H(u,v)|^2+\dfrac{S_n(u,v)}{S_f(u,v)}}$；

（4）计算理想图像的频谱估计 $\hat{F}(u,v)=H_w(u,v)G(u,v)$；

（5）求 Fourier 反变换。

在 MATLAB 中，频域下维纳滤波对二维图像进行复原的函数为 deconvwnr()，其调用格式为：

J=deconvwnr（I，PSF，NSR）或 J=deconvwnr（I，PSF，NCORR，ICORR）

其中 I 为输入图像，PSF 为点扩散函数，即退化函数的频域表示；NSR 为 NSR 是噪声与信号功率之比，即信噪比的倒数，NCORR 为噪声的自相关函数，ICORR 为原始图像的自相关系数。

下面给出对 Lena 图像先添加运动模糊，再用维纳滤波进行图像复原并同时显示处理结果的 MATLAB 代码：

```
clear all; close all;
I=imread('Lena.bmp');
I=im2double(I);
LEN=30;
THETA=25;
PSF=fspecial('motion', LEN, THETA);
J=imfilter(I, PSF, 'conv', 'circular');
NSR=0;
K=deconvwnr(J, PSF, NSR);
figure;
subplot(131);  imshow(I);
subplot(132);  imshow(J);
subplot(133);  imshow(K);
```

运行结果如图 4.6 所示。

（a）原始图像

（b）运动模糊图像

（c）维纳滤波复原图像

图 4.6　维纳滤波对运动模糊图像的复原效果

从图4.6可以看出,维纳滤波在对运动模糊的图像复原方面有一定的处理优势。维纳滤波还可以基于小波变换的频域图像进行频谱处理，达到更好的去噪效果。

4.1.4 带阻和带通滤波

带阻滤波器是阻止一定频率范围内的信号通过而允许其他频率范围内的信号通过;带通滤波器则允许一定频率范围内信号通过而阻止其他频率范围内的信号通过，带阻、带通滤波器的目的是对特定频段的信息进行抑制或者增强。

考虑到傅里叶变换的对称性，为了消除不是以原点为中心的给定区域内的频率，带阻滤波器必须两两对称地工作。记(u_0,v_0)为中心，通常取矩形图像的中心$(M/2,N/2)$（M，N分别为图像矩阵的行数和列数），D_0为截止频率，$D(u,v)=(u-u_0)^2+(v-v_0)^2$为（$u,v$）到$(u_0,v_0)$的距离。

比较经典的带阻滤波器的传递函数为

$$H(u,v)=\begin{cases}0 & D_1(u_1,v_1)\leqslant D(u,v)\leqslant D_2(u_2,v_2)\\ 1 & \text{其他}\end{cases} \tag{4.1.13}$$

式中，$D_1(u_1,v_1)=[(u_1-u_0)^2+(v_1-v_0)^2]$，$D_2(u_2,v_2)=[(u_2-u_0)^2+(v_2-v_0)^2]$。

带阻滤波器也可以设计成能去除以原点为中心的频率的形式，如式（4.1.14）所示是一个放射状的理想带阻滤波器:

$$H(u,v)=\begin{cases}1 & D(u,v)<D_0-\dfrac{W}{2}\\ 0 & D_0-\dfrac{W}{2}\leqslant D(u,v)\leqslant D_0+\dfrac{W}{2}\\ 1 & D(u,v)>D_0+\dfrac{W}{2}\end{cases} \tag{4.1.14}$$

式中，W为阻带宽，同样，可以定义n阶巴特沃斯带阻滤波器的传递函数为

$$H(u,v)=\frac{1}{1+\left[\dfrac{D(u,v)W}{D^2(u,v)-D_0^2}\right]^{2n}} \tag{4.1.15}$$

高斯带阻滤波器传递函数为

$$H(u,v)=1-\mathrm{e}^{-\frac{1}{2}\left[\frac{D^2(u,v)-D_0^2}{D(u,v)W}\right]^2} \tag{4.1.16}$$

带通滤波器和带阻滤波器是互补的，如果设$H_{\mathrm{R}}(u,v)$为带阻滤波器的传递函数，则带通滤波器$H_{\mathrm{P}}(u,v)$的传递函数为

$$H_{\mathrm{P}}(u,v)=1-H_{\mathrm{R}}(u,v) \tag{4.1.17}$$

MATLAB 中，下列函数可以实现高斯带阻滤波:

```
function out = imgaussfbrf(I, freq, width)
 [M,N] = size(I);
out = ones(M,N);
for i=1:M
    for j=1:N
        out(i,j) = 1-exp(-0.5*((((i-M/2)^2+(j-N/2)^2)-freq^2)/(sqrt
(i.^2+j.^2)*width))^2);
    end
end
```

再结合前面的 imfrefilt()函数可以实现带阻滤波对对像的去噪，带阻滤波器对某些正弦周期噪声有较好的去除作用。

除了带阻带通滤波器，陷波滤波器也是一种有用的选择性滤波器，它阻止（或通过）事先定义的关于频率矩形中心的一个邻域内的频率，以对称的形式出现，一个中心在(u_0,v_0)的陷波在位置$(-u_0,-v_0)$处必须有一个陷波。陷波带阻滤波器可以用中心已经平移到陷波滤波器中心的两个高通滤波器的乘积来构造，一般形式为

$$H_{\mathrm{R}}(u,v)=\prod_{k=1}^{n}H_k(u,v)H_{-k}(u,v) \tag{4.1.18}$$

式中，$H_k(u,v)$和$H_{-k}(u,v)$是高通滤波器的传递函数，他们的中心分别为(u_0,v_0)和$(-u_0,-v_0)$，这些中心是由图像矩形的中心$(M/2,N/2)$决定的。

带阻带通滤波器的目的是处理某些定频段或者频率矩形的小区域，通常带阻滤波器经过合理的设计可以起到抑制噪声的作用，带通滤波器则会对图像起到增强作用，陷波滤波器可以经过最优化设计，做出更好地图像去噪效果。读者可以根据需要设计理想、高斯、巴特沃斯及最佳陷波滤波器来达到某些抑制噪声的目的。

4.2　基于小波变换的滤波算法

傅里叶变换一直是信号处理领域中应用广泛、效果好的一种分析手段，是时域到频域互相转化的工具。从物理意义上讲，傅里叶变换的实质是把对原函数的研究转化为对其傅里叶变换的研究。但是傅里叶变换只能提供信号在整个时间域上的频率，不能提供信号在某个局部时间段上的频率信息。

小波变换有效地克服了傅里叶变换的这一缺点，信号变换到小波域后，小波不仅能检测到高频与低频，而且还能将高频与低频发生的位置与原始信号相对应，在时域和频域同时具有良好的局部化性质。而且由于对高频成分采用逐渐精细的时域或频域取样步长，从而可以聚焦到对象的任何细节，所以被称为“数学显微镜”。

小波变换在实现上也有快速算法（如 Mallat 小波分解算法），通过小波分析，可以将各种交织在一起的由不同频率组成的混合信号分解成不同频率的块信号，能够有效地解决诸如数值分析、信号分析、图像处理、量子理论、地震勘探、语音识别、计算机视觉、CT 成像、机械故障诊断等问题。近年来还出现了一些基于小波变换的改进的滤波算法，如非线性小波变换阈值法去噪、小波变换模极大值去噪及基于小波变换域的尺度相关性去噪法等，这些算法在某些方面优化了图像去噪的效果。

4.2.1 图像小波变换的实现原理

1. 正变换

图像小波分解的正变换可以依据二维小波变换按如下方式扩展，在变换的每一层次，图像都被分解为 4 个四分之一大小的图像（如图 4.7 所示）。其中 LL 为低频分量，LH、HL、HH 可以看作水平、垂直和对角三个方向上的高频分量。

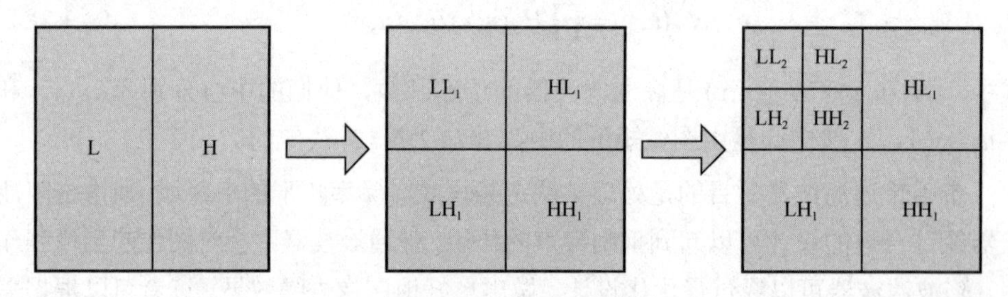

图 4.7 图像的小波分解示意图

2. 反变换

（1）在每一层（如最后一层）都通过在每一列的左边插入一列零来增频采样前一层的 4 个阵列（即 4 个分解图像）。

（2）用重构低通滤波器 l 和重构高通滤波器 h 来卷积各行，再成对地把这几个阵列加起来。

（3）通过在每行上面再插入一行零来将刚才所得两个阵列（图像）的大小增频采样。

（4）再用 l 和 h 与这两个阵列的每列进行卷积。这两个阵列的和就是这一层次重建的结果。

3. 二维小波变换的 Mallat 算法

根据多分辨率理论，Mallat 提出了小波分解与重构的快速算法，称为 Mallat 算法，其在小波分析中的作用相当于 FFT 在傅里叶分析中的作用。

假定二维尺度函数可分离，则有 $\varphi(x,y)=h(x)h(y)$，其中 $\varphi(x)$、$\varphi(y)$ 是两个一维尺度函数。若 $\psi(x)$ 是相应的小波，那么下列三个二维基本小波：

$$\psi^1_{(x,y)}=h(x)g(y)，\ \psi^2_{(x,y)}=g(x)h(y)，\ \psi^3_{(x,y)}=g(x)g(y)$$

与 $\varphi(x,y)$ 一起就建立了二维小波变换的基础。

对于二维图像信号，在每一层分解中，由原始图像信号与一个小波基函数的内积后再经过在 x 和 y 方向的二倍间隔抽样而生成四个分解图像信号。对于第一个层次（j=1）可写成：

$$A_2^0(m,n)=<A_2^0(x,y),\varphi(x-2m,y-2n)>$$

$$D_2^1(m,n)=<A_2^0(x,y),\psi^1(x-2m,y-2n)>$$

$$D_2^3(m,n)=<A_2^0(x,y),\psi^3(x-2m,y-2n)>$$

$$D_2^2(m,n)=<A_2^0(x,y),\psi^2(x-2m,y-2n)> \tag{4.2.1}$$

将上式内积改写成卷积形式，则得到二维离散小波变换的 Mallat 算法的通用公式：

$$A^0_{2^{j+1}}(m,n)=\sum_{x,y}A^0_{2^j}(x,y)h(x-2m)h(y-2n)，$$

$$D^1_{2^{j+1}}(m,n)=\sum_{x,y}A^0_{2^j}(x,y)h(x-2m)g(y-2n)，$$

$$D^2_{2^{j+1}}(m,n)=\sum_{x,y}A^0_{2^j}(x,y)g(x-2m)h(y-2n)，$$

$$D^3_{2^{j+1}}(m,n)=\sum_{x,y}A^0_{2^j}(x,y)g(x-2m)g(y-2n)。 \tag{4.2.2}$$

图 4.8 和图 4.9 展示了二维 Mallat 算法多分辨率分解与重构的过程。

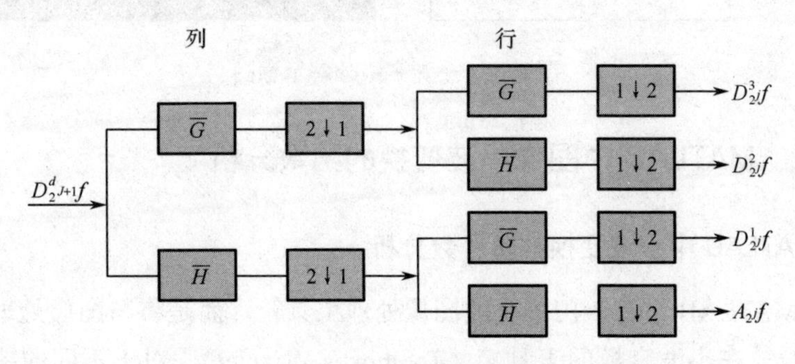

图 4.8　二维 Mallat 算法多分辨率分解过程

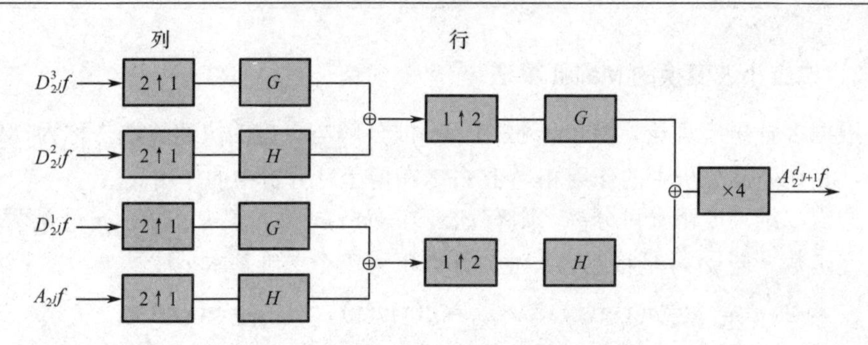

图 4.9　二维 Mallat 算法多分辨率重构过程

小波重构过程是分解过程的逆过程，通常要经过插值和滤波，来实现对目标图像的处理。

图 4.10 所示为采用 Mallat 算法时，小波三级分解示意图及 Lena 原图的小波分解效果图。

在图 4.10 中，每一级分解都由四块构成，而数字图像的小波分解理论证明，左上角的块是图像的低频分量，它包含了大量的原图像的逼近信息，信息健壮性好；而高频子带即副对角线两块和右下角的子块，主要是图像的边缘和纹理信息，基于这个特点可以设计小波变换下的图像去噪复原滤波器。

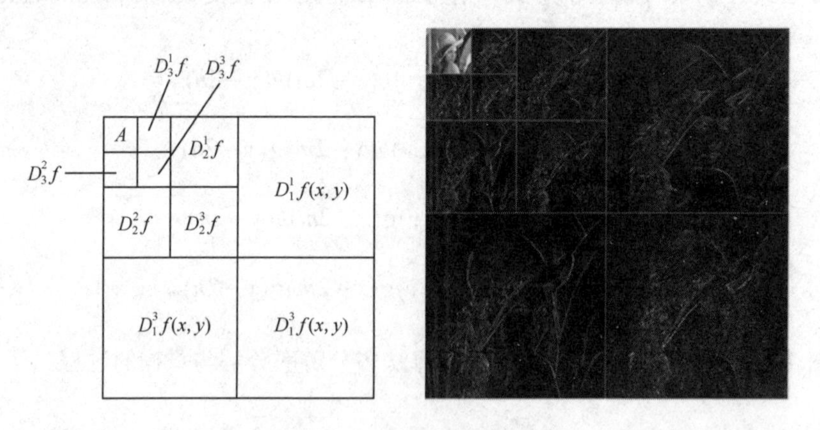

图 4.10　小波三级分解示意图

4.2.2　MATLAB 中图像小波变换的函数分析

1. MATLAB 中小波变换的基函数分析

目前 MATLAB 没有专门的小波图像处理工具箱，而是将与图像处理有关的小波变换函数放在小波变换的工具箱（Toolboxes-Wavelet）。对于不同的图像，采用不同的小波基（母）函数，得到的结果会有所差别，因此如何选择母小波一直是小波变换相关研究的热点。MATLAB7.1 工具箱中共预置了 15 种小波基函数，用户可以根据工程的具体需求，选择不同的小波母函数。

查看 15 个小波基函数的语句为：

wavemngr('read',1)或者 waveletfamilies('n')。

查看单个小波函数的 MATLAB 命令为：waveinfo('wname')。

下面是一些常用小波基函数的介绍。

（1）Haar 小波，调用小波名 haar。

Haar 小波的是唯一一个具有对称性的紧支正交实数小波，支撑长度为 1，小波变换时计算量很小，但是它的光滑性太差，用它重构信号，会出现“锯齿”现象。

（2）Daubechies 小波系，小波名 db。

调用名：db1，db2，db3，db4，db5，db6，db7，db8，db9，db10。

除 db1 外，db$N$ 不具对称性（即非线性相位），因此会导致信号或者图像在小波分解和重构时失真。

（3）Symlets 小波系 ，小波名 sym。

调用名：sym2，sym3，sym4，sym5，sym6，sym7，sym8。

Symlets 小波系是近似对称的一类紧支正交小波函数，它具有 Daubechies 小波系的一切优良特征，而它的近似对称性，又使得该小波系在处理信号时可以很大程度地避免不必要的失真。

（4）Coiflets 小波系，小波名 coif。

调用名：coif1，coif2，coif3，coif4，coif5。

Coiflets 小波系也是近似对称的一类紧支正交小波函数，消失矩为 N 时支撑长度为 $6N-1$，而且对称性要比 Symlets 小波系好一些，但这是以支撑长度的大幅度增加为代价的。

（5）BiorSplines 小波系，小波名 bior。

调用名：

bior1.1，bior1.3，bior1.5，bior2.2，bior2.4，bior2.6，bior2.8，

bior3.1，bior3.3，bior3.5，bior3.7，bior3.9，

bior4.4，bior5.5，bior6.8。

BiorSplines 小波系是一类具有对称性的紧支双正交小波，但该小波系中的各小波基不具有对称性，所以比起具有同样消失矩阶数的正交小波来说，计算的简便性和运行时间都受到影响，在应用时要合理选择滤波器的长度。

其他小波函数系的名称和调用名如下：

（6）ReverseBior 小波系，小波名 rbio。

调用名 rbio1.1，rbio1.3，rbio1.5，rbio2.2，rbio2.4，rbio2.6，rbio2.8，rbio3.1，rbio3.3，rbio3.5，rbio3.7，rbio3.9，rbio4.4，rbio5.5，rbio6.8。

（7）Meyer 小波，小波调用名 meyr。

（8）Dmeyer 小波，小波调用名 dmey。

（9）Gaussian 小波系，小波调用名 gaus。

调用名：gausN，N=1,2,⋯,8。

（10）Mexican hat 小波，小波调用名 mexh。

（11）Morlet 小波，小波调用名 morl。

（12）Complex Gaussian 小波系，小波名 cgau。

调用名：cgau1，cgau2，cgau3，cgau4，cgau5，cgau**。

（13）Shannon 小波系，小波名 shan。

调用名：shan1-1.5，shan1-1，shan1-0.5，shan1-0.1，shan2-3，shan**。

（14）Frequency B-Spline 小波系，小波名 fbsp。

调用名：fbsp1-1-1.5，fbsp1-1-1，fbsp1-1-0.5，fbsp2-1-1，fbsp2-1-0.5，fbsp2-1-0.1，fbsp**。

（15）Complex Morlet 小波系，小波名 cmor。

调用名：cmor1-1.5，cmor1-1，cmor1-0.5，cmor1-1，cmor1-0.5，cmor1-0.1，cmor**。

在 MATLAB 中，用 wname 表示小波调用名，ITER 表示确定小波变换和尺度采样的点数为 2 的 ITER 个，默认取 8，即 256 个采样点。调用函数 wavefun ('wname',ITER)可以实现二维正交小波函数和尺度函数的计算及绘制；调用函数 wfilters('wname') 返回与母小波“wname”相关的四个滤波器；调用函数 wfilters('wname'，'type')，根据 type 取 d、r、l、h 分别返回分解过滤器、重构过滤器、低通滤波器和高通滤波器。具体使用中，对于连续性较差的信号，Haar 小波的去噪效果要好于 Sym 系小波；对于连续性较好的信号，Sym 系小波的去噪效果更好，db 小波系和 sym 小波系经常被用于在语音去噪中。小波基函数在图像处理和信号处理时各有优点，要根据具体图像特点选择合适的小波系来达到最优的去噪效果。

2．用于图像处理的小波变换函数

基于小波变换的理论知识，可以实现多种程序语言下的小波变换，如 VC++，MATLAB 语言等，本书着重介绍 MATLAB 下基于小波变换的图像分解和重构，以实现小波去噪的滤波器功能。下面是小波变换工具箱中常用的图像处理函数。

（1）[cA,cH,cV,cD]=dwt2(X，'wname')：该函数利用母小波'wname'对图像矩阵 X 做一层小波分解。

[cA,cH,cV,cD]= dwt2(X,Lo_D,Hi_D)：对图像 X 计算二维小波的一层分解，Lo_D 是分解低通滤波器， Hi_D 是分解高通滤波器， 注意 Lo_D 和 Hi_D 必须具有相同的长度。

以上两种调用格式的 dwt2( )函数返回图像 X 的近似系数矩阵 cA，细节系数矩阵的水平分量 cH、垂直分量 cV 和对角分量 cD。

（2）[C,S]=wavedec2(X,N, 'wname')：该函数利用母小波'wname'对图像矩阵 X 做 N 层小波分解。

[C,S]=wavedec2(X,N,Lo_D,Hi_D)：该函数是基于指定的滤波器 Lo_D 和 Hi_D，对图像矩阵 X 在第 N 层进行二维离散小波分解。

以上两种调用格式的 wavedec2()返回分解系数矩阵 C 和相应分解系数的长度矢量矩阵 S。

（3）二维单层小波变换的反变换函数。

X=idwt2（cA，cH，cV，cD，'wname'）：由信号小波分解的近似信号 cA 和细节信号 cH、cV、cD 经小波反变换重构原信号 X；

X=idwt2(cA,cH,cV,cD,Lo_R,Hi_R)：使用指定的重构低通和高通滤波器 Lo_R 和 Hi_R 重构图像信号 X；

X=idwt2(cA,cH,cV,cD,'wname',S)与 X=idwt2（cA，cH，cV，cD，'wname'）类似，但运行结果返回中心附近的 S 个数据点；

X=idwt2(cA,cH,cV,cD,Lo_R,Hi_R,S)也是返回中心附近的 S 个数据点。

（4）二维小波变换多层分解的反变换函数 X=waverec2()。

X=waverec2(C,S,'wname')：利用指定母函数'wname'实现多层图像矩阵的二维离散逆小波变换，即由多层二维小波分解的结果 C、S 矩阵重构图像 X，'wname' 为使用的小波基函数；

X=waverec2(C,S,Lo_R,Hi_R)：利用指定低通和高通滤波器 Lo_R 和 Hi_R 实现多层图像矩阵的二维离散小波反变换（即图像重构）。

以上函数 X=waverec2()返回结果为图像矩阵 X。

（5）对指定某一层进行二维离散小波变换的函数 X=wrcoef2( )。

X=wrcoef('type'，C，S，'wname'，N)或 X=wrcoef('type'，C，S，'wname')：

该函数利用指定母函数'wname'实现对多层二维小波分解得到的 C、S 矩阵重构第 N 层分解图像；'type'描述的是重构类型，取值为'a'、'h'、'v'、'd'，分别表示着重重构图像的近似系数、图像细节系数的水平分量、图像细节系数的垂直分量、图像细节系数的对角分量；N 的取值范围为$1\sim \text{size}(S,1)-2$，N 在缺省状态下取值为$\text{size}(S,1)-2$。

X=wrcoef2('type',C,S,Lo_R,Hi_R，N)：该函数利用指定低通滤波器 Lo_R 和高通滤波器 Hi_R，对多层小波分解函数得到的 C 和 S 重构第 N 层的分解图像。

（6）重构函数 upcoef2( )。

Y= upcoef2（O,X, 'wname',N,S）：该函数利用母小波'wname'对系数矩阵 X 在中心附近的 S 个数据点进行第 N 层重构，具体重构的系数由'O'来决定。O 的取值为'a'、'h'、'v'、'd'，取值代表的含义同 X=wrcoef('type'，C，S，'wname'，N)中关于'type'取值的解释。N 是正整数，是指对第几层进行重构。

Y= upcoef2（O,X, 'wname',N）与 Y= upcoef2（O,X, 'wname',N,S）的意义类似，不同之处在于 upcoef2（O,X, 'wname',N）对计算结果进行了截断。

此外，二维离散小波变换的重构函数还有 Y=upcoef2(O,X,Lo_R,Hi_R，N，S)和 Y=upcoef2(O,X,Lo_R,Hi_R，N)，用来表达利用指定的低通滤波器 Lo_R 和高通滤波器 Hi_R 对图像矩阵 X 的第 N 层进行近似分量或细节分量的重构。

（7）获得全局阈值函数 ddencmp( )及全局阈值降噪命令 wdencmp( )。

ddencmp( )的调用格式为

```
[thr,sorh,keepapp]=ddencmp('den','wv',X)
```

其中，den 表示用于消噪，wv 表示使用小波变换，X 为输入信号；thr 为求得的阈值，sorh 的解析为 sorh='s'取软阈值，sorh='h'取硬阈值，keepapp 表示保留的近似系数的层数。

ddencmp( )经常与小波消噪或压缩函数 wdencmp( )一起使用，用于去噪或者压缩。

wdencmp( )用小波分析执行降噪或压缩的命令函数，调用格式为

```
[xc,cxc,lxc,perf0,perf1]=
                    wdencmp('gbl',x,'wname',n,thr,sorh,keepapp)
```

这种调用为小波变换用全阈值降噪或压缩，其中 xc 为降噪或压缩后的信号，cxc 和 lxc 为降噪或压缩后的小波分解系数结构；Perf0 为降噪或压缩置 0 的系数个数百分比 ；perf1 表示降噪或压缩所保留的能量百分比。返回的是信号 X（1D 或 2D）经过变换、小波系数使用全局正阈值 THR 进行阈值化、去噪或者压缩后的信号 XC。

或者

```
[xc,cxc,lxc,perf0,perfl2]=
               wdencmp('lvd',x,'wname',n,thr,sorh)
```

这种调用格式是分层阈值的降噪（压缩）命令，此时参数 thr 是一个数组，存放了各层的阈值，并且不需要指定保留的层数。该函数传入的参数是小波分解系数结构，sorh='s'表示作用软阈值；sorh='h'表示作用硬阈值。

（8）函数 D=detcoef2()用来提取小波变换的细节系数，D=appcoef2()用来提取小波变换的近似系数，upwlev2()用来实现二维小波变换的单层重构。具体的使用方法可以在 MATLAB 编辑栏输入'help+函数名'来获得。

4.2.3　小波变换下的图像去噪及阈值分析

目前，基于小波变换的去噪方法大致可以分为小波变换模极大值去噪法、小波系数相关性去噪法、小波变换阈值去噪法三类，以及三者结合的改进去噪方法，如基于小波变换模极大值的自适应阈值图像去噪算法、改进的小波系数相关性去噪法和小波变换阈值去噪法等。

小波变换模极大值去噪法是从所有小波变换模极大值中选择信号的模极大值而去除噪声的模极大值，然后用剩余的小波变换模极大值重构原信号。该方法对噪声的依赖性较小，无须知道噪声的方差，非常适合于低信噪比的信号去噪，但是对尺度要求较高；信号与噪声在不同尺度上模极大值的不同传播特性表明，信号的小波变换在各尺度相应位置上的小波系数之间和边缘处有很强的相关性，而噪声的小波变换在各尺度间却没有明显的相关性。小波系数相关性去噪法是对含噪信号作小波变换之后，计算相邻尺度间小波系数的相关性，根据相关性的大小区别小波系数的类型，从而进行取舍，然后直接重构信号。

小波变换阈值去噪法认为信号对应的小波系数包含有信号的重要信息，其幅值较大，但数目较少，而噪声对应的小波系数是一致分布的，个数较多，但幅值小。Donoho 和 Johnstone 于 1992 年提出了小波阈值收缩去噪法，该方法在最小均方误差意义下可达近似最优，并且取得了良好的视觉效果。小波阈值去噪法得到了广泛的研究和应用。

1．小波变换下图像去噪的步骤

因为噪声信号多包含在具有较高频率的细节中，所以小波去噪首先要对图像信号进行小波分解，可利用特定阈值对所分解的小波系数进行处理，然后对图像信号进行小波重构，抑制图像信号中的无用部分，恢复图像信号中的有用部分。基于小波变换的频域滤波的主要步骤如下。

（1）图像信号的小波分解（可以根据具体需要设定分解的层数，对目标图像进行 N 层的小波分解）；

小波分解的每一层都将图像分解为水平方向、垂直方向和对角方向 4 个子图，如图 4.11 所示。

（a）小波分解一层

（b）小波分解两层

图 4.11 Lena 图像小波分解的一层和二层示意图

（2）对分解后的高频系数进行阈值量化

图像经过小波变换后，能量主要集中在低频子带图像上，而图像的加性随机噪声等经过小波变换后，能量则分散在各个高频子带图像上。因此，可以设定一个阈值，对第一层到第 N 层的每层的高频系数进行阈值量化，将绝对值小于阈值的小波系数当作噪声系数去除，从而达到去噪的目的。

（3）进行二维小波反变换重构图像信号

根据小波分解后的第 N 层近似的低频系数和经过阈值量化处理后涵盖细节信息的高频系数，重构图像。

小波变换下图像去噪的流程图如图 4.12 所示。

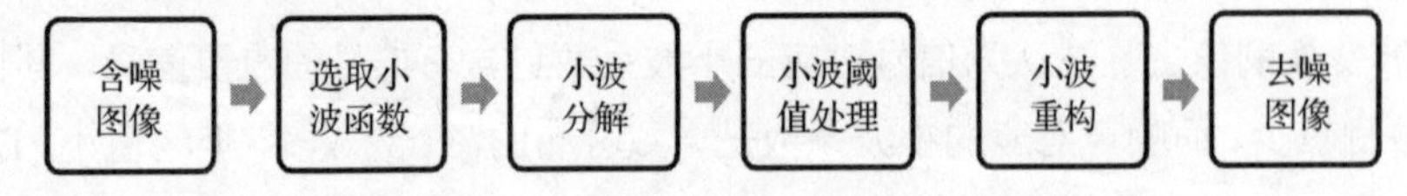

图 4.12 小波变换下图像去噪的流程图

2. 小波变换的阈值分析

小波变换去噪可以从局部上把握频谱信息，比较灵活、实用，其中“小波阈值处理”步骤中的阈值选择是非常关键的，在图像处理时，可以根据需要进行单一阈值处理，或者进行多阈值的选择、去噪，传统的阈值取法有软阈值和硬阈值两种基本方法。

硬阈值是对各层小波系数作如下处理：

$$\hat{w}=\begin{cases} w & |w|\geqslant\lambda \\ 0 & |w|<\lambda \end{cases} \tag{4.2.3}$$

式中，w 表示小波系数，$\hat{w}$ 表示阈值化之后的小波系数，λ 表示阈值（Visushrink 阈值）。

硬阈值的优点是比较简单，去噪效果好，可以非常有效地去除噪声。但是由于直接将阈值小于λ的系数赋为0，所以会在点$w=\pm\lambda$处产生不连续的情况，这会导致后期的信号重建过程中出现“伪 Gibbs”（Pseudo-Gibbs）现象，从而导致重建的信号振荡。而软阈值的处理效果往往优于硬阈值。

软阈值的处理方法表示为

$$\hat{w}=\begin{cases}\operatorname{sgn}(w)(|w|-\lambda), & |w|\geqslant\lambda\\0, & |w|<\lambda\end{cases}\tag{4.2.4}$$

式中，w，$\hat{w}$，λ的意义同式（4.2.3）；

sgn 为数学中的符号函数，其表达式为

$$\operatorname{sgn}x=\begin{cases}1, & x>0\\0, & x=0\\-1, & x<0\end{cases}$$

λ的选择采用通用阈值准则，即取

$$\lambda=\sigma\sqrt{2\log_2 N}\tag{4.2.5}$$

式中，σ表示噪声信号的标准差，N表示信号的长度，依据的原理是N个独立同分布的标准变量中最大值小于λ的概率随着N的增大而趋向于1。

在图像去噪声的处理中，λ有时也可取为

$$\lambda=\sigma\sqrt{2\lg(MN)}\tag{4.2.6}$$

式中，M、N表示图像矩阵的行数和列数，σ为噪声的均方误差估计。

其他的一些阈值取法，如根据零均值正态分布的“3σ”原则，即在均值左右两边距离3σ的区间内涵盖了约 99.7%的信息，给出的基于零均值正态分布的置信区间阈值取法，将阈值λ取在3σ到4σ之间；Bayes Shrink 阈值和 Map Shrink 阈值等。

为了将硬阈值和软阈值的优点相结合，众多学者提出了对阈值函数的改进，如半软阈值函数：

$$\hat{w}=\begin{cases}0, & |w|\leqslant\lambda_1\\\operatorname{sgn}(w)\dfrac{\lambda_2(|w|-\lambda_1)}{\lambda_2-\lambda_1}, & \lambda_1<|w|<\lambda_2\\w, & |w|\geqslant\lambda_2\end{cases}\tag{4.2.7}$$

式中，w和$\hat{w}$意义同上，λ_2，λ_1成为上下阈值，sgn 为符号函数。

半软阈值函数能避免硬、软阈值函数的某些弊端，有很好的数学特性，它的出现为改进阈值函数指明了一个很好的方向，半软阈值函数与硬阈值函数和软阈值函数并称为经典的阈值函数。但是半软阈值的计算复杂度比较高，所以在应用推广方面涉及较少。

对硬阈值函数的改进，主要集中在如何克服其不连续性，并不失去其能够保留突变特征的特点；针对软阈值函数的改进主要集中于克服其恒定偏差和增强其连续可导性，同时保证其连续性。目前有很多改进的阈值函数来优化图像的去噪效果，主要集中在引入固定参数、插入特殊函数变换、构造非线性函数等方面。

3．小波变换去噪的程序实现

大部分利用小波变换的图像处理都是基于 MATLAB 中小波变换的函数，再加入自己的部分算法代码来实现的，也有一些算法基于 VC++等程序语言来实现的。用 VC++实现的时候，代码书写较为麻烦，但好处是小波函数不是封装的，可以根据具体情况进行修改和完善。杨枝灵等在《Visual C++数字图像获取处理及实践应用》一书中给出了小波变换与反变换的 VC++代码，感兴趣的读者可以参考使用。小波变换也可以与均值滤波、中值滤波、维纳滤波等综合使用，以达到更好的图像处理效果。

在 MATLAB 中有自带的小波分析工具箱，在不编写程序的情况下，也可以实现一些简单的小波变换处理。单击 start→toolbox→wavelet 工具箱，打开小波分析工具箱界面，可选择不同的小波变换方式实现对图像的处理，如选用不同小波母函数及分解不同层数的小波变换去噪对比。选择“SWT De-noising 2-D”，即可装载不同的噪声图像，进行各种小波变换的去噪处理。图 4.13 所示是对 MATLAB 自带的 Noisy woman 图像，用 harr 母小波分解三层，选用 Bal spasity-norm（sqrt）形式的软阈值进行图像去噪重构的界面和处理效果。

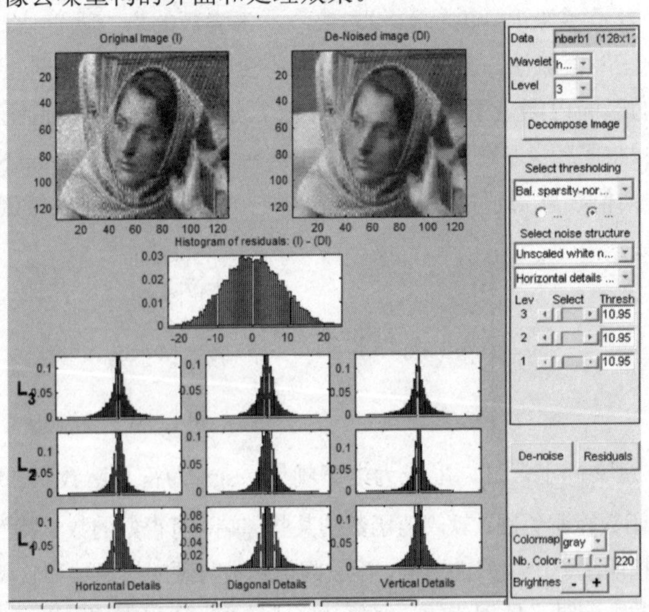

图 4.13　MATLAB 中用 harr 母小波分解三层去噪效果

4.2.4　基于小波变换的图像去噪案例对比分析

［**案例分析 4.1**］　在随机种子'20200421'下，将 MATLAB 自带的“tire”图像加入'60*(rand(size(X)))'的随机噪声，在不同的阈值选取和不同的小波母函数下做图像去噪效果比较分析。

（1）选用‘sym5’小波母函数，利用 MATLAB 自带函数 ddencmp()及全局阈值降噪函数，计算去噪的阈值标准和熵标准，展示小波变换两层分解的图像去噪效果（见图 4.14）。

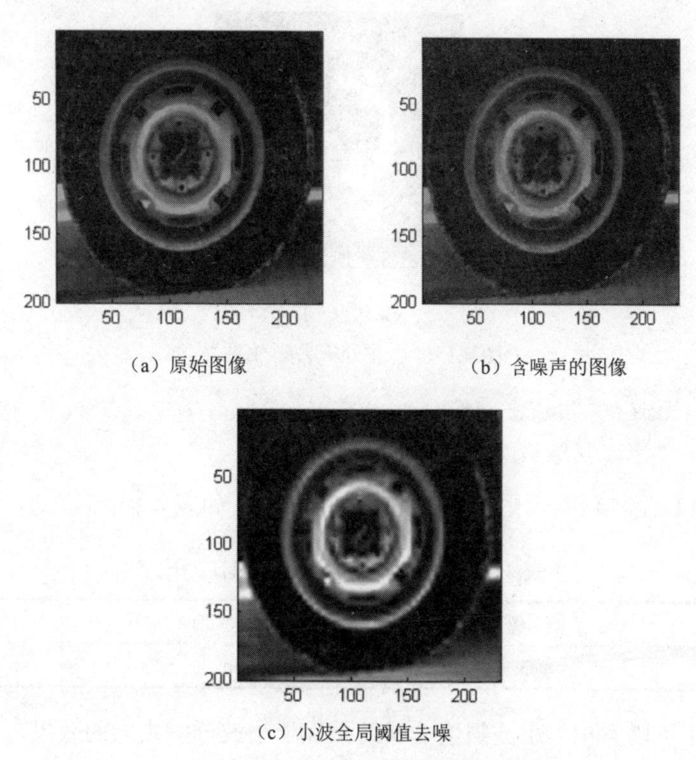

（a）原始图像　（b）含噪声的图像

（c）小波全局阈值去噪

图 4.14　小波分析去噪效果一

（2）选用'sym5'小波母函数做两层分解，分别进行小波分解去噪和小波阈值去噪的效果对比（见图 4.15）。

从主观上看，图 4.14 和图 4.15 的处理效果，小波阈值去噪明显比小波直接分解系数去噪效果好，而用 MATLAB 的封装函数自动获取的阈值和人工设定阈值的方法，恢复的图像各有千秋。下面由以下计算信噪比（SNR）的公式：

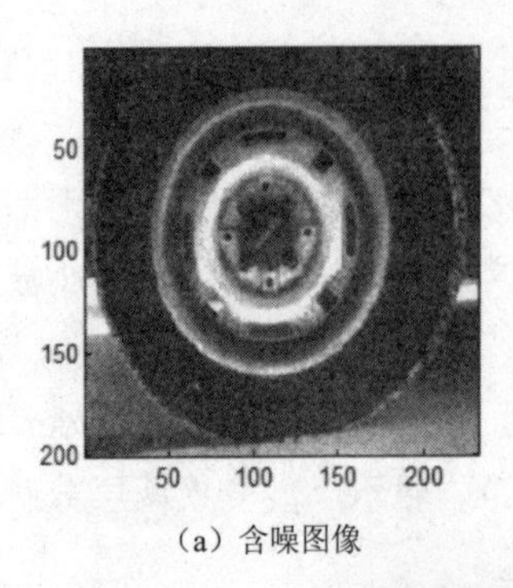

（a）含噪图像

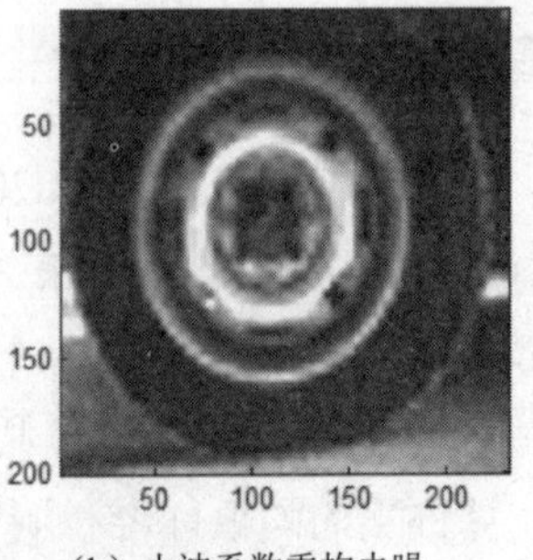

（b）小波系数重构去噪

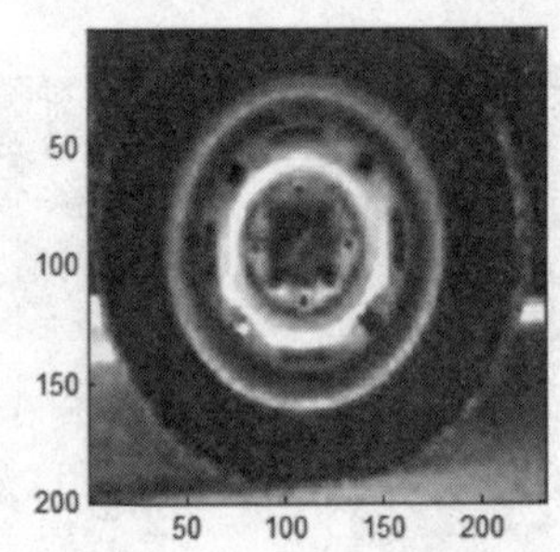

（c）小波阈值去噪

图 4.15　小波分析去噪效果二

```
Ps=sum(sum((X-mean(mean(X))).^2)); Pn=sum(sum((a2-X).^2));
SNR=10log10(Ps/Pn)。
```

计算出图 4.14（c）和图 4.15（b）、（c）的信噪比，如表 4.1 所示。

表 4.1　不同方法下去噪的信噪比对比

图像	含噪图像	图 4.15（b）	图 4.15（c）	图 4.14（c）
信噪比	4.9983	5.57	5.73	5.61

从表 4.1 可以看出，小波阈值去噪效果优于小波分解去噪的效果，而利用阈值量化函数 ddencmp( )较全局阈值降噪函数 wdencmp( )的图像降噪效果稍弱，小波变换去噪的好坏往往依赖于对阈值量化的优劣，而在同样的阈值量化标准下，不同的小波母函数的选取也会影响到图像处理的结果。

案例分析 4.1 的 MATLAB 程序代码如下：

```
load tire;
%生成含噪图像并显示
init=220200421;
rand('seed',init)
XX=X+60*(rand(size(X)));
```

```
%用 sym5 小波函数对 x 进行两层分解
[c,l]=wavedec2(XX,2,'sym5');
a2=wrcoef2('a',c,l,'sym5',2); %重构第二层图像的近似系数
n=[1,2];%设置尺度向量
p=[10.28,24.08];%设置阈值向量
%对高频小波系数进行阈值处理以去除噪声
nc=wthcoef2('t',c,l,n,p,'s');
mc=wthcoef2('t',nc,l,n,p,'s');
%图像的二维小波重构
 X2=waverec2(mc,l,'sym5');
 %修改图形图像位置和背景颜色
 set(0,'defaultFigurePosition',[100,100,1000,500]);
set(0,'defaultFigureColor',[1 1 1])
%使用 ddencmp 函数来计算去噪的默认阈值和熵标准
%使用 wdencmp 函数来实现全局阈值下的进行图像降噪
 [c,s]=wavedec2(XX,2,'sym5');
[thr,sorh,keepapp]=ddencmp('den','wv',XX);
[Xdenoise,cxc,lxc,perf0,perfl2]=wdencmp('gbl',c,s,'sym5',2,thr,sorh,k
eepapp);
 % 显示原图像及处理以后的图像结果
figure
colormap(map)
subplot(131),image(XX),axis square;
subplot(132),image(a2),axis square;
subplot(133),image(X2),axis square;
figure,
colormap(map)
image(Xdenoise);
axis square
%计算信噪比
Ps=sum(sum((X-mean(mean(X))).^2)); Pn=sum(sum((a2-X).^2));
disp('利用小波二层分解去噪的信噪比')
snr1=10*log10(Ps/Pn)
Pn1=sum(sum((X2-X).^2));
disp('利用小波阈值去噪的信噪比')
snr1=10*log10(Ps/Pn1)
Pn2=sum(sum((XX-X).^2));
disp('含噪图像的信噪比')
```

```
snr3=10*log10(Ps/Pn2)
Pn3=sum(sum((Xdenoise-X).^2));
disp('dden 函数阈值的降噪图像的信噪比')
snr3=10*log10(Ps/Pn2);
```

注意在程序编写时，常规格式的图像可以通过“save”('图像名称')命令，保存为可以通过 load 命令装载的图像。

为了进一步研究小波去噪的影响因素，接下来选用相同的图像、同一阈值函数，对加入固定的噪声来源产生的固定噪声密度的图像，同样分解到二层进行重构，仅让小波母函数发生变动，测试图像处理的效果。

[案例分析 4.2] 对图像加入同样比例的噪声后，用 ddencmp 函数来计算去噪的默认阈值和熵标准，然后使用 wdencmp 函数做全局阈值量化，采取不同小波母函数时图像处理的比较。

图 4.16 所示是 wbarb 图像加入如下随机噪声后不同小波母函数分解与重构的图像处理的效果。表 4.2 所示是不同小波母函数去噪后图像的信噪比比较。

```
init=20200421;
rand('seed',init);
Xnoise=X+20*(rand(size(X)));
```

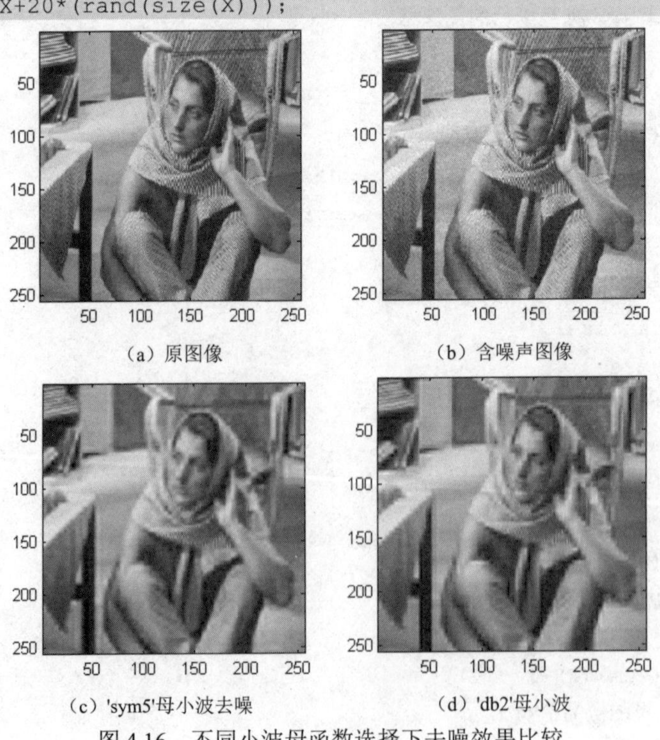

（a）原图像　（b）含噪声图像

（c）'sym5'母小波去噪　（d）'db2'母小波

图 4.16　不同小波母函数选择下去噪效果比较

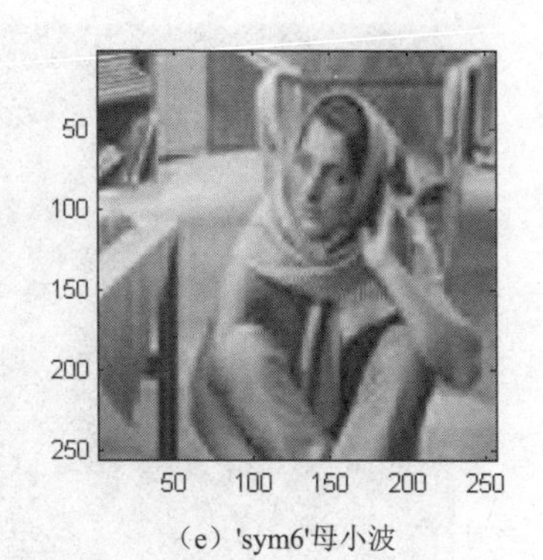

（e）'sym6'母小波

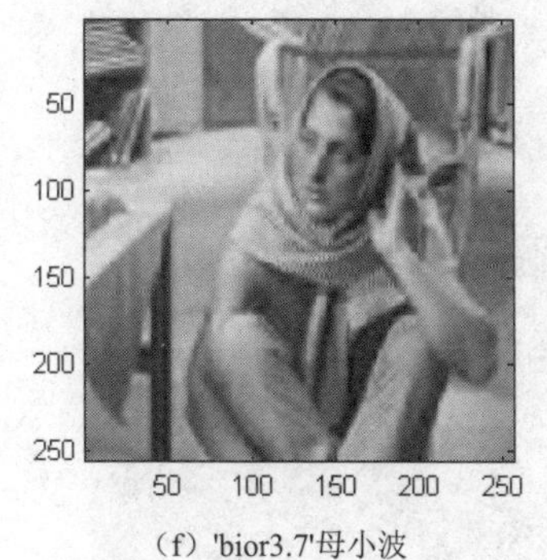

（f）'bior3.7'母小波

图 4.16　不同小波母函数选择下去噪效果比较（续）

表 4.2　不同小波母函数去噪信噪比对比

图像	含噪图像	图 4.16（c）	图 4.16（d）	图 4.16（e）	图 4.16（f）
信噪比	10.8133	8.39	8.20	8.44	8.67

从表 4.2 看出，当噪声强度较小时，两层小波分解的去噪后图像，其信噪比均低于原始的含噪图像，这与小波分解后重构时抛弃了图像的一些高频信息有关。

针对 wbarb 图像的随机噪声去噪，从图 4.16 的视觉效果以及表 4.2 看出，不同的小波母函数选取也影响图像去噪的效果，'bior3.7'小波母函数下的小波分解重构取得了较好的效果；就算是同样选取了'sym'系母函数，不同的阶数下处理效果亦有差别。故用小波变换做图像去噪与分析时，要根据图像特点和噪声特点，谨慎选择小波分解与重构的母函数及阶数。

［案例分析 4.3］　在案例分析 4.2 中，'bior3.7'小波母函数对图 4.16（b）去噪处理后重构的图像的信噪比最大，获得了较好的视觉效果，现对 wbarb 图像添加如下噪声后，利用'bior3.7'小波母函数做分解，采用小波全阈值去噪方法考察不同的分解层数对去噪效果的影响并加以优化。

```
init=20200421;
rand('seed',init);
Xnoise=X+50*(rand(size(X)));
```

图 4.17 所示是 wbarb 图像'bior3.7'小波母函数下不同的分解层数，用案例分析 4.1 中的小波全阈值去噪的方法，对 wbarb 图像处理恢复的效果。表 4.3 所示是不同的分解层数去噪后图像的信噪比比较。

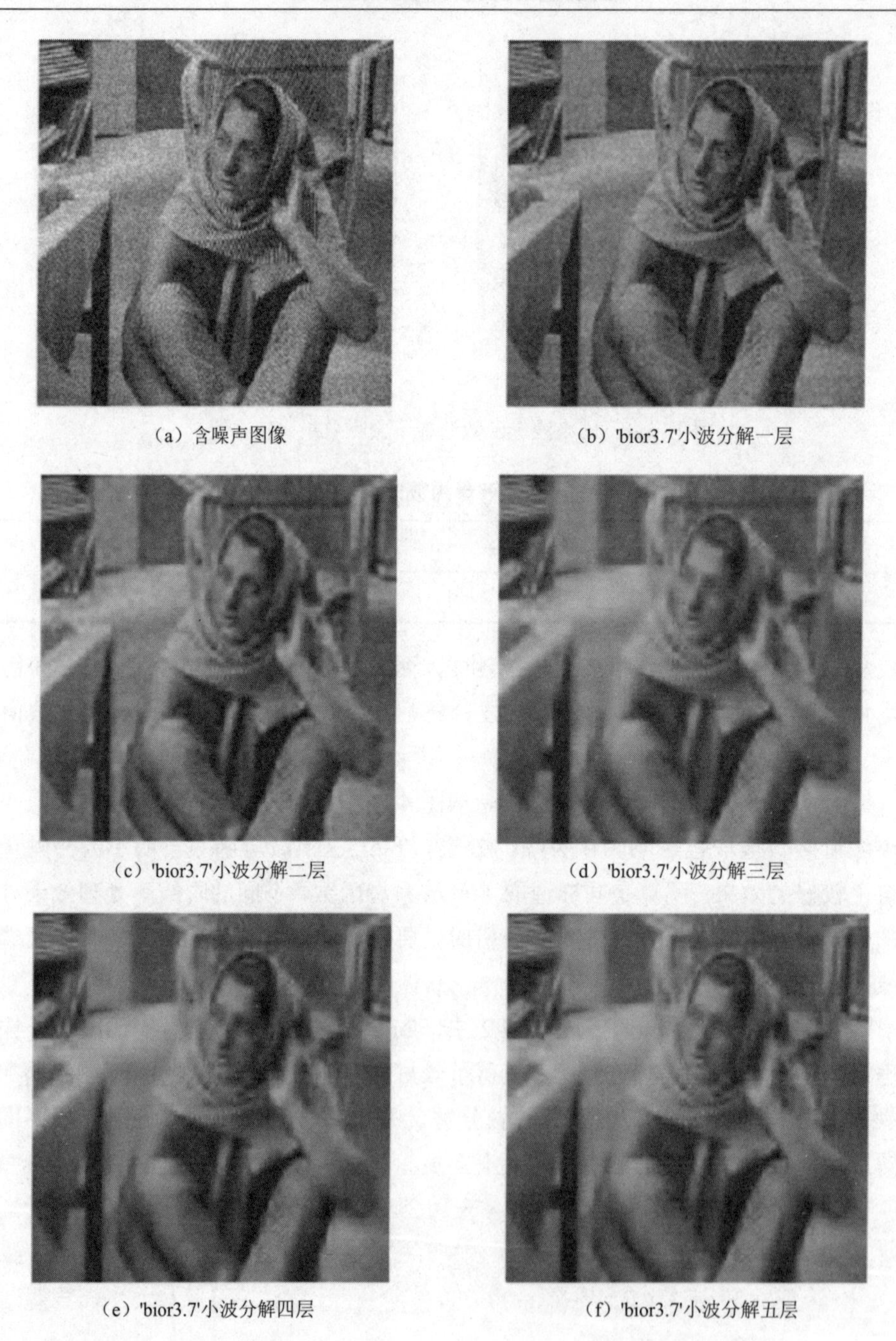

（a）含噪声图像

（b）'bior3.7'小波分解一层

（c）'bior3.7'小波分解二层

（d）'bior3.7'小波分解三层

（e）'bior3.7'小波分解四层

（f）'bior3.7'小波分解五层

图 4.17　'bior3.7'小波不同分解层数下全阈值去噪后效果对比

（g）'bior3.7'小波分解六层

（h）wbarb 原图

（i）图（b）和图（c）图像的平均

图 4.17　'bior3.7'小波不同分解层数下全阈值去噪后效果对比（续）

表 4.3　'bior3.7'小波不同分解层数下全阈值去噪后信噪比对比

图像	含噪图像	图 4.17（b）	图 4.17（c）	图 4.17（d）	图 4.17（e）	图 4.17（f）	图 4.17（g）	图 4.17（f）
信噪比	2.85	3.16	3.13	3.0	2.92	2.89	2.90	3.24

从图 4.17 和表 4.3 看出，当图像的噪声较大时，直接用 ddencmp 函数来计算去噪的默认阈值和熵标准，再使用 wdencmp 函数来实现的全局阈值去噪法能够达到一定的去噪效果，但是如果不做其他的优化设计，小波分解的层数越多，恢复后图像视觉效果越差，信噪比越低。图 4.17（f）是对分解一层、二层、三层后重构的图像的平均，其信噪比最大，相对其他各层分解的视觉效果也最好，这说明小波阈值去噪的辅助优化设计对图像去噪起到很大的作用，而这也是目前多数科研工作者努力的方向。

4.3 本章小结

本章较为详细地介绍了频域滤波的主要思想和实现过程，并从基于傅里叶变换和小波变换的频域滤波两个方面加以展开。在基于傅里叶变换的频域滤波方面，介绍了低通滤波、带通带阻滤波、逆滤波及维纳滤波等，并通过案例进行各种滤波器的去噪效果对比和特点说明；在基于小波变换的频域滤波方面，首先介绍了小波变换的实现原理，然后介绍了 MATLAB 工具箱内小波变换的母函数、用于图像处理和图像降噪的函数及它们的调用规则，接下来重点介绍了 MATLAB 下用小波变换进行图像去噪的步骤和程序实现，同时对小波变换的阈值量化方法进行了对比。最后给出基于小波变换的图像去噪案例对比研究，综合分析了小波系数重构去噪、小波全阈值去噪、小波阈值去噪以及不同的小波母函数选择、不同的分解层数对去噪效果的影响，供读者参考学习。

第 5 章　改进的滤波算法设计及实现

5.1　概　　述

数字图像是许多科学领域获取信息的重要来源，如生物学、医学及天文学等，但是由于实际采集到的图像往往会因为图像采集系统、传输媒介及成像系统等的不完善而引入不同程度的噪声，因此有效的噪声去除工作便成为图像处理中非常关键的一环，因为接下来的许多工作（如边缘检测、图像分割、特征识别等）都在很大程度上依赖于噪声去除的好坏。当图像在编码和传输中经过含噪声的线路或被电子感应噪声所污染时，使得图像降质的噪声主要是正负脉冲噪声。脉冲噪声的检测与去除，最初以中值滤波应用最为广泛，但是由于传统中值滤波把图像中所有像素点的灰度值都用其邻域的中值来代替，因而模糊了图像的边缘、拐角及细线等细节信息。为了解决这个问题，近年来，出现了许多改进的中值滤波算法及其他去除脉冲噪声的新算法，如加权中值滤波、开关中值滤波、自适应中值滤波、基于神经网络、模糊数学的去噪算法、基于形态学、人眼特征的去噪滤波器设计等。

很多算法在去噪的同时都尽量保持图像的细节信息，但对于噪声强度的预先估计研究较少。现实中获取的噪声图像，很难通过人眼一眼看出图像受污染的程度有多大，这就容易造成去噪处理过程中算法设计或者滤波器使用的盲目性，因此有必要研究提出一种噪声密度的估计算子，以使得在噪声处理时更具有针对性。考虑到脉冲噪声的特点，联想到模糊数学里判断模糊集合模糊性的模糊度定义，本章 5.2 节提出了用于估计图像脉冲噪声强度的改进的模糊指标，它可以对未知噪声密度的噪声图像所受的污染程度给出一个先验估计，从而使得接下来的算法设计自适应性更强。而有了模糊指标对噪声强度的估计，就可以根据噪声强度的大小来设计合理的噪声滤波算法。我们把此算法称为基于模糊指标的中值滤波算法（Median Filter Based on Fuzzy index，MFBF）。MFBF 在算法设计时引入了反映图像边缘信息的 Prewitt 梯度算子，通过实验训练来得到合适的梯度阈值，以改进传统的中值滤波算法，更好地保持图像的边缘等细节信息。由于有噪声估计算子的引入，噪声去除算法的自适应性更强，通过与传统中值滤波、基于排序阈值的中值滤波、改进的中值滤波等的实验对比和滤波器评价指标的对比，发现 MFBF 算法具有较好的图像处理效果。

对于椒盐噪声，MFBF 算法在去除噪声、恢复图像时取得了不错的效果，但是由于其是针对一幅图像来处理的，从单幅图像上来获取尽可能多的恢复信息，随着噪声密度的增大，这种可以获得的信息越来越少，很难再有精确的恢复。我们考虑利用多幅图像的有用信息来恢复图像，以提高图像恢复的精度。5.3 节根据椒盐脉冲噪声的特点，我们提出了一种基于序列图像的点对点检测算法（A New Algorithm for Removing Impulse Noise Based on Sequential Images，BSIF），只要条件允许，该方法恢复精度非常高，而且简单、省时，优于传统图像恢复算法。

5.2 基于模糊指标的中值滤波算法设计

5.2.1 几种改进的中值滤波算法

1．加权滤波算法

该类算法通过给模板中的元素赋予不同的权值来调节噪声抑制与边缘等细节保持之间的矛盾，它们在细节保持方面较中值滤波更好一点，但是往往以噪声去除不彻底为代价。比较有代表性的如基于距离的加权滤波算法，以距离模板中心元素的距离来定义权值，往往在设计上采用离中心越近权值越大，反之权值越小的规则。常见的有权重中值滤波，即 WMF（Weighted Median Filter），它是中值滤波算法的一种扩展，其给滤波窗口下的某些像素以较大的权重，某些像素以较小的权重，以加强对滤波后图像的平滑度的控制；中心加权中值滤波，即 CWMF（Center Wighted Median Filter），这是权重中值滤波的一种特殊情形，它仅仅赋予滤波窗下的中心像素以较大的权重，给其他像素以较小的权重。权重中值滤波可以这样来描述：

设权重 $W=\{(-1,0),(0,0),(1,0)\}$，权重系数为 $w=\{h(-1,0),h(0,0),h(1,0)\}=\{2,3,2\}$，则输出

$$x_{i,j}^{\text{out}}=\text{median}\{x(i-1,j),x(i-1,j),x(i,j),x(i,j),x(i,j),x(i+1,j),x(i+1,j)\} \quad (5.2.1)$$

式中，(0，0)表示模板中心位置，它对准像素坐标 (i,j)，像素点 (i,j) 的灰度值记为 $x(i,j)$，$x_{i,j}^{\text{out}}$ 表示输出像素的灰度值，median 表示求中值。

当 WMF 的中心权重 $h(0,0)=2k+1$（$<L$，L 为模板的长度），$h(s,t)=1$（当 $(s,t)\neq(0,0)$ 时），就是 CWMF。

CWMF 权重的选择非常重要，直接影响到细节的保持与噪声去除之间的矛盾，为解决其权重选择的不确定性，墨西哥的 Sung-Jea Ko 和韩国的 Yong Hoon Lee 研

究并提出了自适应中心加权中值滤波（ACWM Filter）算法。ACWM 算法对于去除加性白噪声、脉冲噪声及乘性噪声都有较好的效果。另外，C.S Lee, Y-H Kuo 等提出的模糊加权中值滤波、Harja Q.Y.，Huttunen H 等提出的递归权重中值滤波等对中值滤波算法都有较好的改进。

2．开关中值滤波算法

中值滤波由于对所有的像素都采取统一的处理方法，在去除噪声的同时改变了非噪声点的灰度值，因而造成了图像的模糊。如果在滤波前能知道哪个点是非噪声点，哪个点是噪声点，就可以有针对性地只处理噪声点而保留非噪声点，开关滤波就是基于这样一种思想的去噪的算法，其流程图如图 5.1 所示。

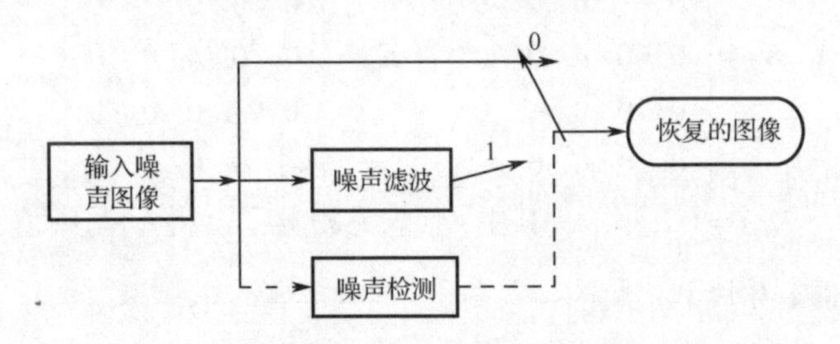

图 5.1　开关滤波的流程图

它首先使图像通过一个噪声检测器，然后仅对检测器判断为噪声点的像素点进行处理，其优点在于可以较好地去除处在大块脉冲噪声区域中的脉冲噪声，因而对于高密度的脉冲噪声去除效果不错。在这类算法中，噪声检测器的选择与构造是非常重要的，来自香港的 Wang Zhou 和 Zhang David 曾在有关开关滤波设计的论文中提出了一种噪声检测算子，后来又有许多学者提出了基于智能模糊、边缘检测、噪声纹理等的检测算子，对特定的噪声检测去除起到了较好的作用，但检测算子往往是与去除算法相对应的。开关中值滤波再融合噪声检测和权重中值滤波，综合设计的话对噪声图像有较好的处理效果。

秦鹏、丁润涛在极值中值滤波的基础上，提出了一种基于排序阈值的开关中值滤波方法，即 OTSM（Ordering Threshold Switching Median Filter）。该方法首先将图像区域划分为噪声点、边缘细节区和平坦区 3 类，然后通过实验确定出噪声点和平坦区，最后采用传统中值滤波处理，但保留边缘区不处理。由于考虑的噪声为随机的正负脉冲噪声，所以一个像素点的 $N \times N$ 邻域内的像素灰度值从小到大排序后，其最大值和最小值可以认为是噪声点，加以处理；而剩余的像素点则属于边缘细节区和平坦区，保留原像素值输出。

3．改进的中值滤波算法

Sorin Zoican 提出了一种改进的中值滤波算法 IMF（Improved Median Filter），该算法首先将含噪图像与 4 个特殊的模板($\boldsymbol{K}_i$, i=1,2,3,4)进行卷积：

$$\boldsymbol{K}_1=\begin{bmatrix}0&0&0&0&0\\0&0&0&0&0\\-1&-1&4&-1&-1\\0&0&0&0&0\\0&0&0&0&0\end{bmatrix}，\boldsymbol{K}_2=\begin{bmatrix}0&0&-1&0&0\\0&0&-1&0&0\\0&0&4&0&0\\0&0&-1&0&0\\0&0&-1&0&0\end{bmatrix}，$$

$$\boldsymbol{K}_3=\begin{bmatrix}-1&0&0&0&0\\0&-1&0&0&0\\0&0&4&0&0\\0&0&0&-1&0\\0&0&0&0&-1\end{bmatrix}，\boldsymbol{K}_4=\begin{bmatrix}0&0&0&0&-1\\0&0&0&-1&0\\0&0&4&0&0\\0&-1&0&0&0\\-1&0&0&0&0\end{bmatrix}$$

取 $r_{i,j}=\min\{x_{i,j}*K_i,i=1,2,3,4\}$，其中$*$代表卷积算子，将 $r_{i,j}$ 与阈值 T（实验测得的一个限制数值）相比较，记

$$a_{i,j}=\begin{cases}1 & r_{i,j}>T\\0 & r_{i,j}\leqslant T\end{cases}$$

最后输出为

$$x_{i,j}^{\text{out}}=a_{i,j}\times m_{i,j}+(1-a_{i,j})\times x_{i,j} \tag{5.2.2}$$

式中，$x_{i,j}^{\text{out}}$ 为最后输出的灰度值，$x_{i,j}$ 表示当前像素灰度值，$m_{i,j}$ 表示 $x_{i,j}$ 的 3×3 邻域的像素灰度值从小到大排序后的中值。该算法和传统中值滤波算法相比，在图像去噪方面有明显进步。

此外，Yuksel, M.E.和 Besdok, E.提出了一种基于模糊神经网络的脉冲噪声检测子，这种检测方法独立于后续的去噪过程，因而可以应用于几乎所有的脉冲噪声去噪算法，而且对去噪算法本身的性能没有影响，称得上万能的检测子。其具体步骤是：首先使噪声图像通过两个神经模糊子检测器检测算子（水平的和垂直的），然后再经过一个模糊决策的过程，得到输出图像（见图 5.2）。检测算子实际上是两个模糊加权滤波，该滤波器通过训练自适应调整子检测器的内部参数，其参数可以通过使用简单的人造图像训练而得到。

在滤波器的设计中加入噪声检测算子，是对去噪滤波器设计的一种优化。常见的噪声检测算子很多是基于模糊数学理论、神经网络、随机过程等来设计的，近年来也有些基于人工智能、深度学习及统计排序等的图像噪声检测算法被提出来，为

了保证检测的灵敏度，大部分噪声检测算子都是基于某种类型的噪声而设计的。噪声检测算子的引入可以提前对噪声特点或者噪声强度大小等做出预估，对后续的噪声去除提供方便。

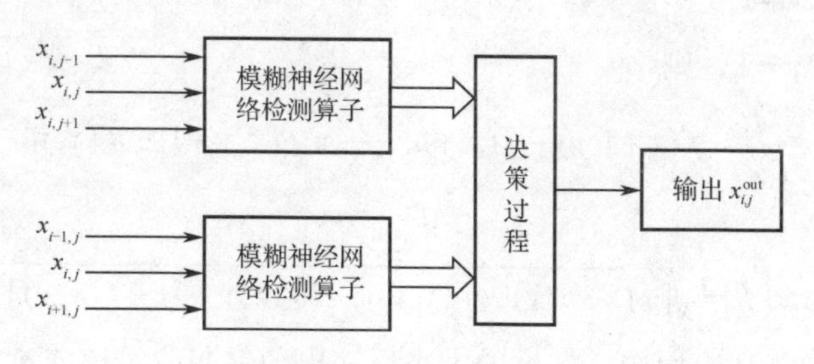

图 5.2 基于模糊神经网络的脉冲噪声检测子

5.2.2 梯度算子

图像复原后变得模糊往往是图像受到平均或积分运算造成的，因此可以对图像进行逆运算如微分运算来使图像清晰化，在滤波器设计中可以先去除或减轻噪声后再进行锐化处理。图像锐化时，通常用拉普拉斯算子和梯度算子两种微分算子来实现。

拉普拉斯算子是 1 种二阶导数算子，对一个连续的二元函数 $z = f(x, y)$，其拉普拉斯值定义为

$$\nabla^2 f = \frac{\partial^2 f}{\partial x^2} + \frac{\partial^2 f}{\partial y^2} \tag{5.2.3}$$

在数字图像处理中，计算函数的拉普拉斯值可以借助各种模板实现，但是对模板有基本的要求，要求模板对应中心像素的系数是正的，对应中心像素的临近像素的系数是负的，且它们的和是零。因为拉普拉斯算子是一种二阶导数算子，所以对图像中的噪声特别敏感，而且常产生双像素宽度的边缘，且不能提供边缘的方向信息，故很少直接应用于边缘检测，而是主要用于已知边缘像素后，确定该像素位于图像的暗区还是明区。

梯度算子源于高等数学中的方向导数和梯度知识，是一阶导数算子，连续的二元函数 $z = f(x, y)$在$P(x, y)$点的梯度定义为

$$\text{grad} f = \frac{\partial f}{\partial x}\vec{i} + \frac{\partial f}{\partial y}\vec{j} = \left(\frac{\partial f}{\partial x}, \frac{\partial f}{\partial y}\right) \tag{5.2.4}$$

其中，$\vec{i}$ 和 $\vec{j}$ 分别表示 x 和 y 上的单位向量，梯度是一个向量，其长度为 $|\text{grad} f| = \sqrt{\left(\frac{\partial f}{\partial x}\right)^2 + \left(\frac{\partial f}{\partial y}\right)^2} = \sqrt{(f_x)^2 + (f_y)^2}$，其方向指向函数增大的方向。

其中$\dfrac{\partial f}{\partial x}$和$\dfrac{\partial f}{\partial y}$分别为函数$f(x,y)$关于自变量$x$和$y$的偏导数，其定义为

$$\frac{\partial f}{\partial x}=\lim_{\Delta x\to 0}\frac{f(x+\Delta x,y)-f(x,y)}{\Delta x},\quad \frac{\partial f}{\partial y}=\lim_{\Delta y\to 0}\frac{f(x,y+\Delta y)-f(x,y)}{\Delta y}$$

若取$\Delta x=\Delta y=1$，则

$$\frac{\partial f}{\partial x}\approx f(x+1,y)-f(x,y),\quad \frac{\partial f}{\partial y}\approx f(x,y+1)-f(x,y)$$

此时

$$|\operatorname{grad} f|=\sqrt{[f(x+1,y)-f(x,y)]^2+[f(x,y+1)-f(x,y)]^2} \tag{5.2.5}$$

在实际图像处理应用中，梯度的大小反映出图像灰度沿该向量方向的变化率，梯度的方向反映出图像颜色变化较大的方向，而一幅图像中，图像的边缘位置往往呈现出较大的颜色变化，故基于梯度的理论常用来做图像的边缘检测。构造边缘检测算子，比较经典的有Roberts梯度算子、Sobel梯度算子和Prewitt梯度算子。

1. Roberts梯度算子

Roberts梯度算子的输出形式为

$$\begin{aligned} g(x,y)&=\sqrt{[f(x+1,y+1)-f(x,y)]^2+[f(x+1,y)-f(x,y+1)]^2}\\ &=\sqrt{[G_x]^2+[G_y]^2} \end{aligned} \tag{5.2.6}$$

式中，$f(x,y)$为具有整数像素坐标的输入图像。实际计算中，Roberts边缘算子常用小区域模板卷积来实现，将G_x和G_y各用一个模板来表示，然后把两个模板组合起来构成一个梯度算子。Roberts梯度算子又叫罗伯特边缘算子，是最简单易实现的边缘检测算子，其两个2×2模板见图5.3（a）。

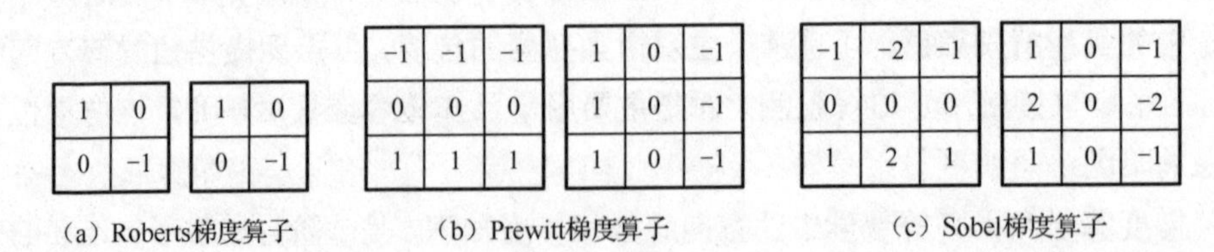

图5.3　几种常见梯度算子的卷积模板

2. Prewitt梯度算子

Prewitt梯度算子是由两个3×3模板［见图5.3（b）］卷积实现的，一个模板对水平边缘响应最大，而另一个模板对垂直边缘响应最大，将两个模板卷积的最大值、二者和的完全平方根或者两者的绝对值之和作为输出，产生的是一幅图像的边缘信

息图。其 VC++程序代码如下（本书此处程序将两个模板卷积的最大值作为输出）：

```
    BOOL CDib::PrewittDIB(LPSTR lpDIBBits, LONG width, LONG height)
    {       unsigned char *lpDst1,*lpDst2;
            LPSTR lpnewDIBBits1,lpnewDIBBits2;
            HLOCAL hnewDIBBits1,hnewDIBBits2;
            long i,j,B;
            B=WIDTHBYTES(8*width);
            int th,tw,tx,ty;
            FLOAT atemplate[9],f;
            hnewDIBBits1=LocalAlloc(LHND,width*height);
            if(hnewDIBBits1==NULL)
            return FALSE;
            lpnewDIBBits1=(char*)LocalLock(hnewDIBBits1);
            hnewDIBBits2=LocalAlloc(LHND,width*height);
        if(hnewDIBBits2==NULL)
            return FALSE;
        lpnewDIBBits2=(char*)LocalLock(hnewDIBBits2);
            lpDst1=(unsigned char*)lpnewDIBBits1;
            memcpy(lpnewDIBBits1,lpDIBBits,width*height);
            lpDst2=(unsigned char*)lpnewDIBBits2;
            memcpy(lpnewDIBBits2,lpDIBBits,width*height);
            tw=3;
            th=3;
            f=1.0;
            tx=ty=1;
            atemplate[0]=-1.0;atemplate[1]=0;
            atemplate[2]=1.0;atemplate[3]=-1.0;
            atemplate[4]=0.0;atemplate[5]=1.0;
            atemplate[6]=-1.0;atemplate[7]=0.0;atemplate[8]=1.0;
            if(!Template(lpnewDIBBits1,width,height,tw,th,tx,ty,
atemplate,f))
            {return FALSE;}
        atemplate[0]=1.0;atemplate[1]=1.0;
            atemplate[2]=1.0;atemplate[3]=0.0;
            atemplate[4]=0.0;atemplate[5]=0.0;
            atemplate[6]=-1.0;atemplate[7]=-1.0;atemplate[8]=-1.0;
            if(!Template(lpnewDIBBits2,width,height,tw,th,tx,ty,
atemplate,f))
```

```
    {   return FALSE;}
    for(i=1;i<height-1;i++)
    {
    for(j=1;j<width-1;j++)
    {
    lpDst1=(unsignedchar*)lpnewDIBBits1+B*(height-1-i)+j;
    lpDst2=(unsigned char*)lpnewDIBBits2+(height-i-1)*B+j;
        if(*lpDst2>*lpDst1)
        *lpDst1=*lpDst2;
    }
    }
memcpy(lpDIBBits,lpnewDIBBits1,width*height);
    LocalUnlock(hnewDIBBits1);
    LocalFree(hnewDIBBits1);
    LocalUnlock(hnewDIBBits2);
    LocalFree(hnewDIBBits2);
return TRUE;}
```

3. Sobel 梯度算子

Sobel 梯度算子的两个 3×3 卷积模板见图 5.3（c），其程序实现和 Prewitt 梯度算子类似，将两个模板卷积的最大值、二者和的完全平方根或者两者的绝对值之和作为输出，本书将二者和的完全平方根作为输出来实现边缘检测仿真实验。VC++代码和 Prewitt 算子类似，在此略去。

核磁共振图的 3 个梯度算子的边缘检测图像对比如图 5.4 所示。

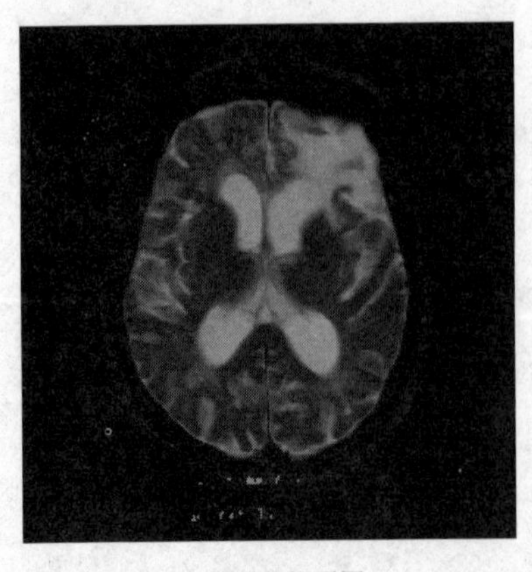

（a）核磁共振原图

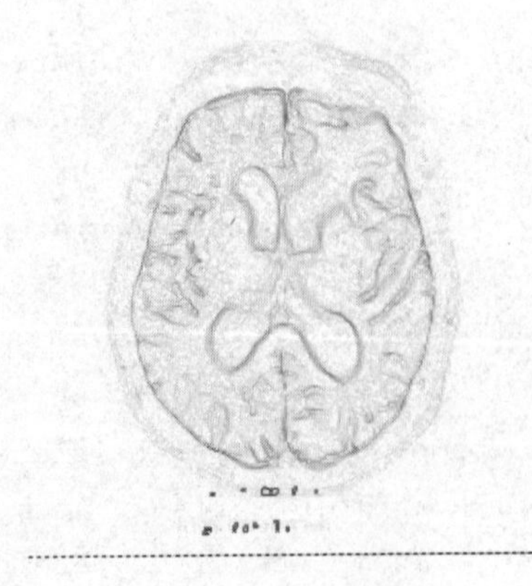

（b）Roberts 算子处理的结果

图 5.4　核磁共振图的边缘检测图像对比

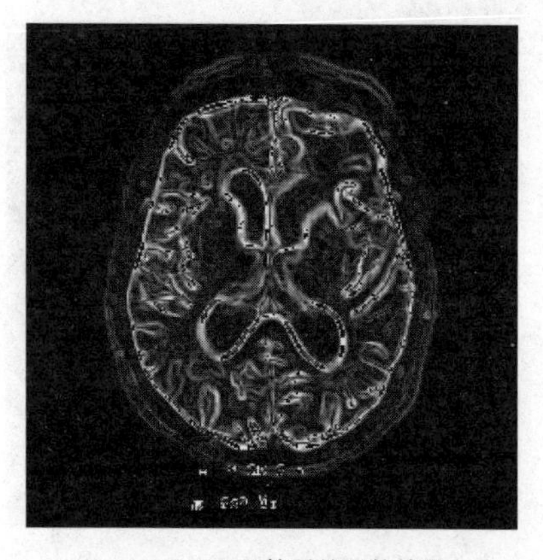

（c）Sobel 算子处理的结果

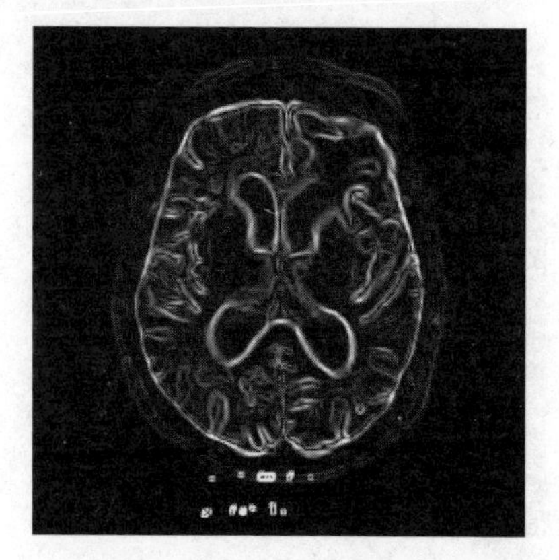

（d）Prewitt 算子处理的结果

图 5.4　核磁共振图的边缘检测图像对比（续）

以上 3 个算子中，Roberts 算子对具有陡峭的低噪声图像响应最好，而另外两个算子为3×3 模板卷积产生，对灰度渐变和噪声较多的图像响应较好。但是由于 Sobel 算子和 Prewitt 算子并不是各向同性的，故我们看到边缘检测后的图像并不是完全联通的，有一定程度的断开，为了解决这个问题，可以把问题的方法扩展为 8 个方向的边缘算子，进一步优化算法。Krisch 算法和 Hough 变换都是对这个问题的优化，能使得处理后的边缘尽可能连通。图 5.5 所示是几种边缘检测算子对血液图（Blood）的处理效果。

在图像复原及图像去噪过程中，往往会对图像细节尤其是边缘信息有所影响，造成边缘模糊，这就为后续的图像处理如图像分割等造成困难。为了解决这个问题，可以在图像去噪时引入梯度阈值来调整对图像细节尤其是边缘信息的恢复。具体做

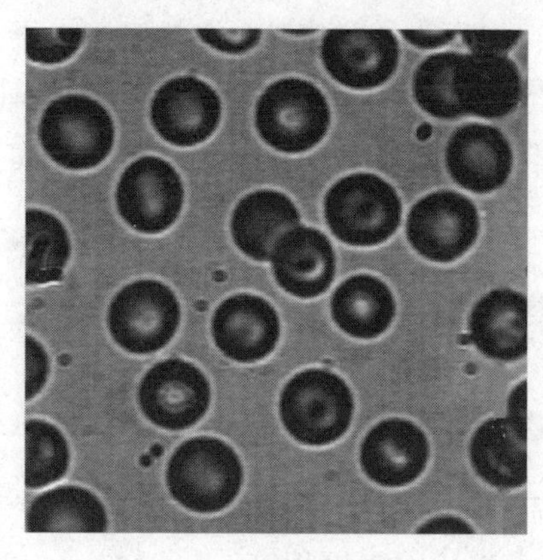

（a）Blood 原图

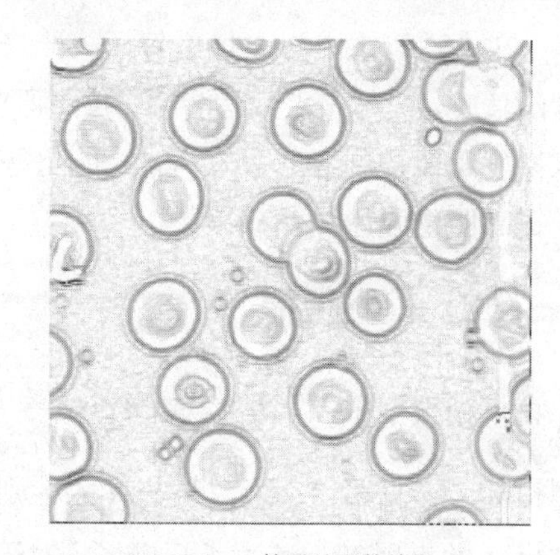

（b）Roberts 算子处理的结果

图 5.5　Blood 图的边缘检测对比

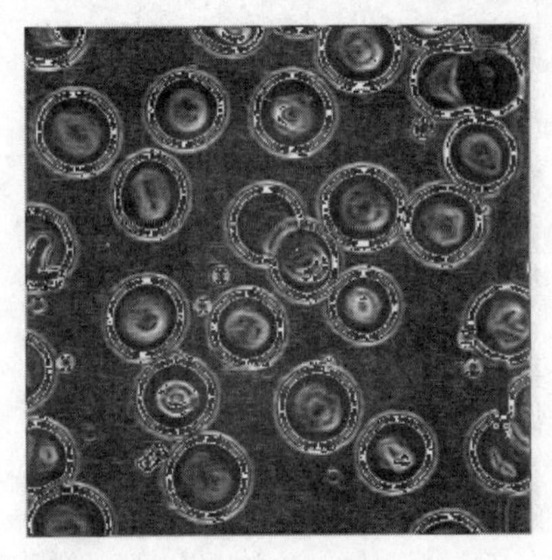

（c）Sobel 算子处理的结果

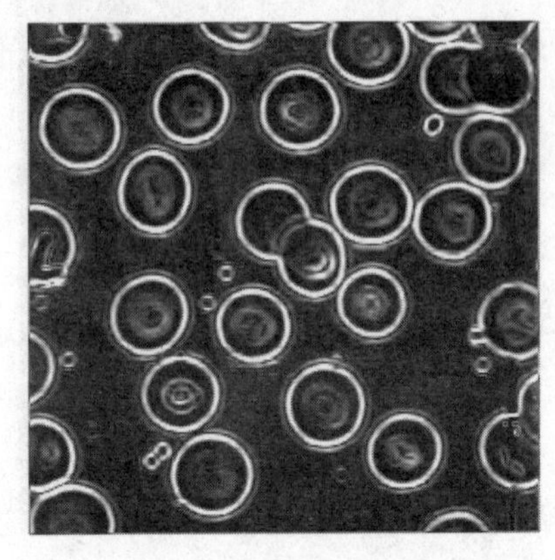

（d）Prewitt 算子处理的结果

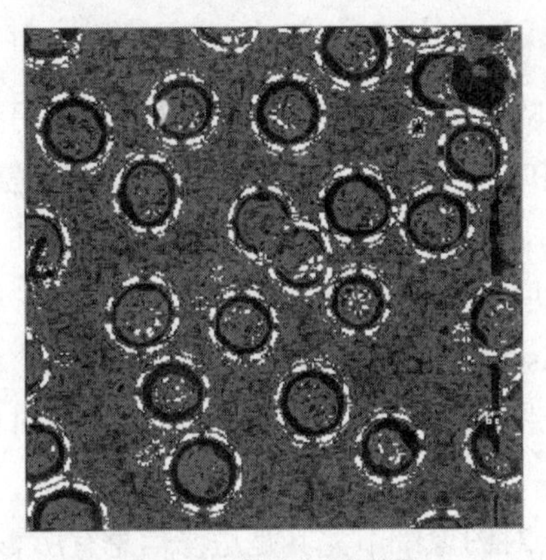

（e）Krisch 算子处理的结果

（f）Hough 变换处理的结果

图 5.5　Blood 图的边缘检测对比（续）

法为：在去噪算法中引入梯度算子，计算每个像素点的梯度值，当梯度值大于某一梯度阈值时，认为该点为边界点，按照原像素值输出，否则作为其他噪声算法处理。加入梯度阈值控制后的去噪方法，能更好地保持图像复原后的边缘、棱角等细节信息，提高图像复原的精确度。

5.2.3　模糊指标

在模糊数学中，设 $d(\underset{\sim}{A})=\boldsymbol{K}(\underset{\sim}{A})\triangleq\dfrac{2}{n}\sum_{i=1}^{n}|\mu_{\underset{\sim}{A}}(u_i)-\mu_{A_{0.5}}(u_i)|$，$\boldsymbol{K}(\underset{\sim}{A})$ 称为模糊集 $\underset{\sim}{A}$ 的模糊指标（详见第 2 章），其中 $\underset{\sim}{A}$ 为区别于一般集合的模糊集；$\mu_{\underset{\sim}{A}}(u)$ 称为 μ 对于模糊集 $\underset{\sim}{A}$ 的隶属度，其大小反映了 u 对于模糊集 $\underset{\sim}{A}$ 的隶属程度。

但是该模糊指标不能直接用来判断脉冲噪声图像的退化程度，需要加以改进，基于本章考虑随机脉冲噪声的特点，我们将模糊指标加以改进如下：

$$M_{\text{fuzzy}} = \frac{2}{m \times n}\sum_{i=1}^{m}\sum_{j=1}^{n}|(x_{i,j} - \text{mid}\,x_{i,j})/255| \tag{5.2.7}$$

式中，m、n 表示图像的宽度和高度，$x_{i,j}$ 表示噪声图像中当前处理的像素的灰度值，$\text{mid}\,x_{i,j}$ 表示模板下灰度的中值。

虽然新定义的模糊指标的某些性质已经有别于模糊数学里的模糊度的性质，但是因为椒盐噪声本身的特点，像素的灰度值与其邻域的中值差别越大，越有可能是噪声，所以新定义的模糊指标所反映出的分布近似代表了噪声的信息。

通过实验发现这个模糊指标的定义能较好地反映图像的模糊程度，我们把式（5.2.7）模糊指标的计算结果称为这幅图像的模糊度。图 5.6 所示是 Peppers 含噪图像和它们的模糊度计算结果。

（a）加入 10%的椒盐噪声　　（b）加入 20%的椒盐噪声

（c）加入 30%的椒盐噪声　　（d）加入 40%的椒盐噪声

图 5.6　Peppers 图像 MATLAB 加噪声强度和模糊度的计算结果

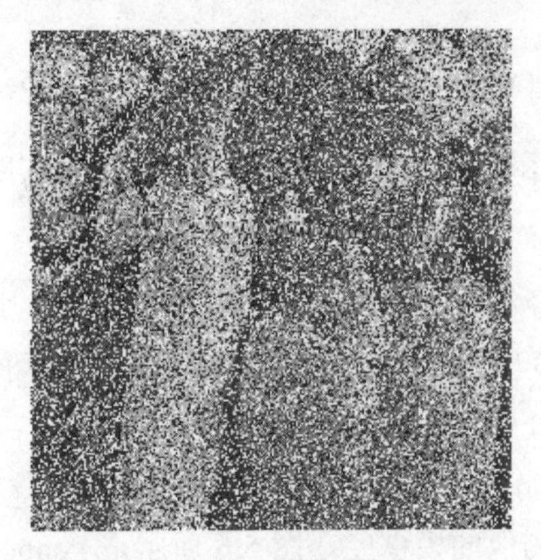

（e）加入 50%的椒盐噪声

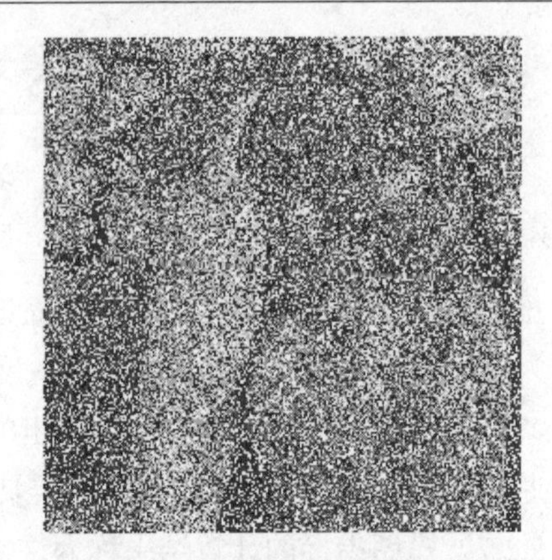

（f）加入 60%的椒盐噪声

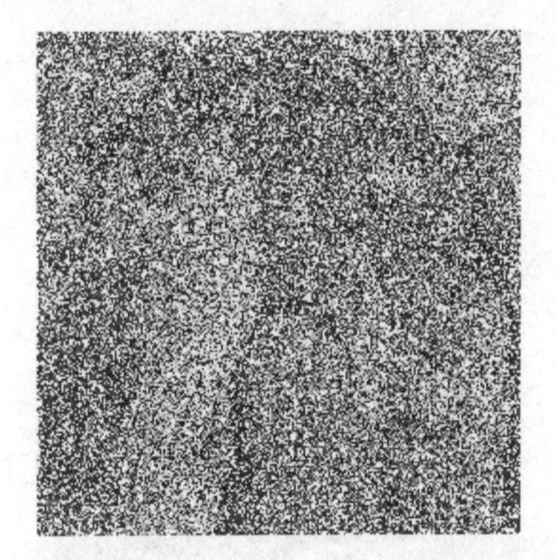

（g）加入 70%的椒盐噪声

（h）加入 80%的椒盐噪声

（i）加入 90%的椒盐噪声

噪声密度/%	10	20	20	40	50	60	70	80	90
模糊度/%	14	23	33	42	51	60	67	73	76

图 5.6　Peppers 图像 MATLAB 加噪声密度和模糊度的计算结果（续）

从图 5.6 可以看出，模糊度指标 M_{fuzzy} 可以作为图像噪声强度的预先估计，在噪声密度为 50%时，估计较为准确，越远离 50%，误差越大。为了解决这个问题，后续实验设计中会对噪声强度估计进行优化处理。

从式（5.2.7）可以看出 $M_{\text{fuzzy}} \in [0,2]$，但是现实中的绝大多数图像（一些人为“制造”的图像除外），其 M_{fuzzy} 均处在 0 到 1 之间，实验中通过多幅图像测试发现，绝大多数噪声图像的 $M_{\text{fuzzy}} \in [0,0.77]$，即使是含有 90%椒盐噪声的 Lena、Peppers 等图像，其 M_{fuzzy} 也只有 0.76。虽然，新定义的模糊度的某些性质已经有别于模糊数学里的模糊指标的性质，但是因为椒盐噪声本身的特点，像素的灰度值与其邻域的中值差别越大，越有可能是噪声，所以新定义的模糊指标所反映出的分布不仅近似代表了噪声的信息，还能从纵向上反映噪声的强弱。

5.2.4　曲线拟合

接下来应用曲线拟合的知识，来研究模糊指标和噪声强度的函数关系。

通过经验或者实验获得数据点 (x_i, y_i) 后，通过曲线拟合的方法可获得一个近似的函数 $f(x)$，使得 $y_i \approx f(x_i)$。下面简述曲线拟合原理及常用的拟合方法。

1．最小均方误差拟合原理

给定一个子集 (x_i, y_i)，找出近似函数 $f(x)$，根据最小二乘法原理，使得其均方误差最小，均方误差可以用下式来表示：

$$\text{MSE} = \frac{1}{N}\sum_{i=1}^{N}[y_i - f(x_i)]^2 \qquad (5.2.8)$$

式中，(x_i, y_i) 是数据点，i=1,2,…,N。即使得求解过程中函数值到给定点的误差在均方误差的意义下最小（MSE 最小）。如图 5.7 所示，用 δ_i 表示 (x_i, y_i) 到 $y = f(x)$ 的距离，最小均方误差准则即找到这样的 $f(x)$，使得 $\frac{1}{N}\sum_{i=1}^{N}\delta_i^2$ 最小。

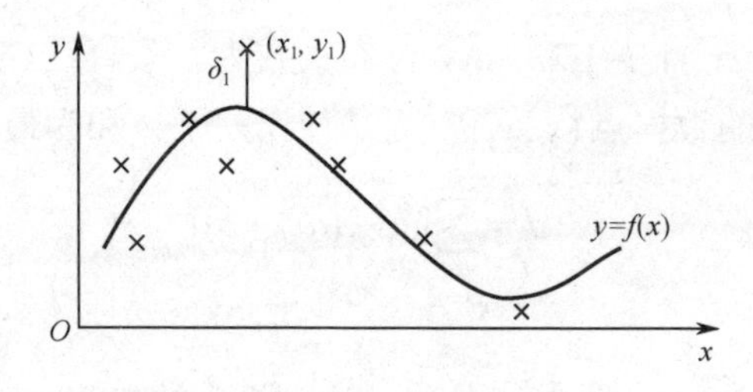

图 5.7　曲线拟合示意图

具体的求解用矩阵来算比较简单，下面以 $f(x)$ 是抛物线为例，介绍具体的拟

合系数求法。因为 $f(x)$ 是抛物线，故其解析式可以写为

$$f(x) = c_0 + c_1 x + c_2 x^2 \tag{5.2.9}$$

首先构造包含 x 值的矩阵 $\boldsymbol{B}$，包含 y 值的矩阵 $\boldsymbol{Y}$ 和包含待定系数的矩阵 $\boldsymbol{C}$：

$$\boldsymbol{Y} = \begin{bmatrix} y_1 \\ y_2 \\ \vdots \\ y_N \end{bmatrix},\ \boldsymbol{B} = \begin{bmatrix} 1 & x_1 & x_1^2 \\ 1 & x_2 & x_2^2 \\ \vdots & \vdots & \vdots \\ 1 & x_N & x_N^2 \end{bmatrix},\ \boldsymbol{C} = \begin{bmatrix} c_0 \\ c_1 \\ c_2 \end{bmatrix} \tag{5.2.10}$$

表示每一个数据点的差的列向量可以写为

$$\boldsymbol{E} = \boldsymbol{Y} - \boldsymbol{BC} \tag{5.2.11}$$

式中，$\boldsymbol{BC}$ 是矩阵乘法，可由式（5.2.9）算出。

式（5.2.8）表示的均方误差在此可由下式给定：

$$\text{MSE}=\frac{1}{n}[\boldsymbol{E}^{\text{T}}\boldsymbol{E}] \tag{5.2.12}$$

由微分方程以及高等数理统计的知识，可以求解。

$$\boldsymbol{C}=[\boldsymbol{B}^{\text{T}}\boldsymbol{B}]^{-1}[\boldsymbol{B}^{\text{T}}\boldsymbol{Y}] \tag{5.2.13}$$

这是使得均方差极小的系数向量。

方阵 $[\boldsymbol{B}^{\text{T}}\boldsymbol{B}]^{-1}\boldsymbol{B}^{\text{T}}$ 称为 $\boldsymbol{B}$ 的伪逆矩阵，这种求解方法称为伪逆法。

如果点的个数和系数的个数相等，则 $\boldsymbol{B}$ 为方阵，若其行列式不为 0，则可以求逆，此时式（5.2.13）可以简化为

$$\boldsymbol{C} = \boldsymbol{B}^{-1}\boldsymbol{Y} \tag{5.2.14}$$

在具体的拟合算法中，均方误差最小准则往往会简化为误差的平方和最小，即用 $\sum_{i=1}^{N}[y_i - f(x_i)]^2$ 最小来作为曲线拟合准则。

2．常见的拟合方法介绍

（1）直线拟合

设已知数据点 (x_i, y_i)，i=1,2,⋯,N，分布大致为一条直线。作拟合直线 y=ax+b。该直线不是通过所有的数据点 (x_i, y_i)，而是使误差平方和为最小，即使

$$J = \sum_{i=1}^{N}[y_i - (ax_i + b)]^2 \tag{5.2.15}$$

最小。

确定直线参数 a，b 的方法是求使得 J 达到极小的参数 a，b，应该满足：

$$\frac{\partial J}{\partial a} = 0, \qquad \frac{\partial J}{\partial b} = 0$$

即

$$\begin{cases} b\sum x_i + a\sum x_i^{\ 2} = \sum x_i y_i \\ bN + a\sum x_i = \sum y_i \end{cases} \text{，} i=1,2,\cdots,N \tag{5.2.16}$$

解出 a，b 即可。

（2）多项式拟合

有时候数据点的分布不呈现出直线形式，常用到多项式拟合。

对于给定的一组数据点 (x_i, y_i)，$i=1,2,\cdots,N$，寻求 m 次的多项式（$m << N$）

$$y = \sum_{j=0}^{m} a_i x_i^j \quad (i=1,2,\cdots,N) \tag{5.2.17}$$

使得误差平方和：

$$Q = \sum_{i=1}^{N}\left(a_i \sum_{j=0}^{m} a_j x_i^j\right)^2 \tag{5.2.18}$$

最小。

由于 Q 可以看作是关于 a_j（j=0,1,2,⋯,m）的多元函数，故上述拟合多项式的构造问题可以归结为多元函数的极值问题。令

$$\frac{\partial Q}{\partial a_k} = 0, \qquad k=1,2,\cdots,m$$

即

$$\sum_{i=1}^{N}\left(y_i - \sum_{j=0}^{m} a_j x_i^j\right)^2 x_i^k = 0 \qquad k=0,1,2,\cdots,m$$

即有线性方程组：

$$\begin{cases} a_0 N + a_1\sum x_i + \cdots + a_m \sum x_i^m = \sum y_i \\ a_0\sum x_i + a_1\sum x_i^2 + \cdots + a_m \sum x_i^{m+1} = \sum x_i y_i \\ \cdots \\ a_0\sum x_i^m + a_1\sum x_i^{m+1} + \cdots + a_m \sum x_i^{m+m} = \sum x_i^m y_i \end{cases} \tag{5.2.19}$$

这是关于系数 a_j 的方程组，常称为正则方程组，根据线性代数的知识可以求解容易看出，抛物线拟合是多项式拟合的一种特殊情况，即 m=2 的情形。

（3）其他的拟合方法

另外，指数拟合和双曲线拟合也是常用的曲线拟合方法，其表达式分别为

指数拟合：　　$y = a\mathrm{e}^{bx}$

双曲线拟合：　　$y = a + b/x$

其中，a 和 b 是参数。

在二维曲面上，常用到高斯拟合或者椭圆拟合的知识，例如：在图像处理中，可以通过对图像进行二维高斯拟合，实现对这幅图中的圆形或者椭圆形物体的度量。一个二维高斯函数可以写为

$$z_i = A\exp\left[-\frac{(x_i - x_0)^2}{2\sigma_x^2} - \frac{(y_i - y_0)^2}{2\sigma_y^2}\right] \tag{5.2.20}$$

式中，A 是幅值，(x_0, y_0) 是位置，σ_x^2和σ_y^2 是两个方向上的方差。

如果对等式两边取对数，展开平方项再加以整理，可以得到一个 x 和 y 的二次项。两边同乘以 z_i 得：

$$z_i \ln(z_i) = \left[\ln(A) - \frac{(x_0)^2}{2\sigma_x^2} - \frac{(y_0)^2}{2\sigma_y^2}\right] z_i + \frac{x_0}{\sigma_x^2}[x_i z_i] + \frac{y_0}{\sigma_y^2}[y_i z_i] + \frac{-1}{2\sigma_x^2}[x_i^2 z_i] + \frac{-1}{2\sigma_y^2}[y_i^2 z_i]$$

写成矩阵的形式：

$$\boldsymbol{Q} = \boldsymbol{CB} \tag{5.2.21}$$

其中 $\boldsymbol{Q}$ 是 $N \times 1$ 的向量，其元素为

$$q_i = z_i \ln(z_i)$$

$\boldsymbol{C}$ 是一个完全由高斯参数复合的 5 元向量：

$$\boldsymbol{C}^{\mathrm{T}} = \left[\ln(A) - \frac{(x_0)^2}{2\sigma_x^2} - \frac{(y_0)^2}{2\sigma_y^2}, \frac{x_0}{\sigma_x^2}, \frac{y_0}{\sigma_y^2}, \frac{-1}{2\sigma_x^2}, \frac{-1}{2\sigma_y^2}\right] \tag{5.2.22}$$

$\boldsymbol{B}$ 是 $N \times 5$ 矩阵，其第 i 行为：

$$[b_i] = [z_i, z_i x_i, z_i y_i, z_i x_i^2, z_i y_i^2] \tag{5.2.23}$$

矩阵 $\boldsymbol{C}$ 按照式（5.2.13）计算，可得高斯参数：

$$\sigma_x^2 = \frac{-1}{2c_4},\ \sigma_y^2 = \frac{-1}{2c_5}, x_0 = c_2\sigma_x^2, y_0 = c_3\sigma_y^2 \tag{5.2.24}$$

和

$$A = \exp\left[c_1 + \frac{x_0}{2\sigma_x^2} + \frac{y_0}{2\sigma_y^2}\right] \tag{5.2.25}$$

5.2.5 算法设计

实验针对随机的正负脉冲噪声（椒盐噪声）进行处理，即噪声点的灰度值或者很大或者很小。例如，如果加入 50%的噪声，则正负脉冲各占一半（25%）；接下来所处理图像为 8 位的灰度图像。噪声强度是一个大于或等于 0，小于或等于 100%的百分数，如上面的 50%，是指图像中被噪声污染的像素点数占整幅图像的像素点数的百分比。表 5.1 是一些符号说明。

表 5.1　符号说明表

符　号	表 示 含 义	说　明
Q_{noise}	噪声的强度	$0 \leqslant Q_{\text{noise}} \leqslant 1$
$x_{i,j}$	噪声图像中当前处理位置 (i, j) 的像素的灰度值	灰度取值为 0～255
$x_{i,j}^{\text{out}}$	最终输出的灰度值	
$\min x_{i,j}$	$x_{i,j}$ 邻域内像素灰度值从小到大排序后的最小值	
$\max x_{i,j}$	$x_{i,j}$ 邻域内像素灰度值从小到大排序后的最大值	
$\text{mid}\, x_{i,j}$	$x_{i,j}$ 邻域内像素灰度值从小到大排序后的中间值	
$\nabla x_{i,j}$	像素 $x_{i,j}$ 处的 Prewitt 梯度幅值	
M_{fuzzy}	受噪声污染的图像的模糊指标	
m	所处理的图像的宽度	单位为像素
n	所处理图像的高度	单位为像素

1．MFBF 算法步骤

（1）首先读取多幅图像的 M_{fuzzy} 和 Q_{noise} 值，根据得到的对应点数据画图，做曲线拟合，求得平均二阶拟合函数；经判断后发现此函数存在反函数，通过求其反函数得到 Q_{noise} 关于 M_{fuzzy} 的函数关系式；这是一个从已知图像的噪声来推得任意的未知噪声强度图像噪声信息的过程。

（2）对 $x_{i,j}$ 的 3×3 邻域内像素灰度值进行从小到大排序，以获得 $\min x_{i,j}$, $\max x_{i,j}$, $\text{mid}\, x_{i,j}$，再引入以下反映图像边缘信息的 Prewitt 算子：$\nabla x_{i,j} = |f_x| + |f_y|$，其中 f_x 和 f_y 分别表示 $x_{i,j}$ 处水平和垂直方向的梯度。

如果当前像素灰度值等于 $\min x_{i,j}$ 或者 $\max x_{i,j}$，则认为该像素点是噪声点，输出 $\text{mid}\, x_{i,j}$；否则，如果 $\nabla x_{i,j}$ 大于某一阈值 $\hat{T}$，则认为是边缘点，即输出 $x_{i,j}$；若小于等于该阈值，则认为是非边缘点，即输出 $\text{mid}\, x_{i,j}$。

（3）通过步骤（1）得到噪声的强度信息 Q_{noise}，当 $Q_{\text{noise}} < 0.25$ 时，$\hat{T} = t_1$ 进行一次滤波即可；当 $Q_{\text{noise}} \geqslant 0.25$ 时，先取 $\hat{T} = t_2$ 进行一次滤波，然后取 $\hat{T} = t_1$ 进行两次滤波即可。其中 t_1，t_2 为梯度阈值，用来优化图像的边缘信息，可通过实验来获得。

具体的 MFBF 算法流程如图 5.8 所示。

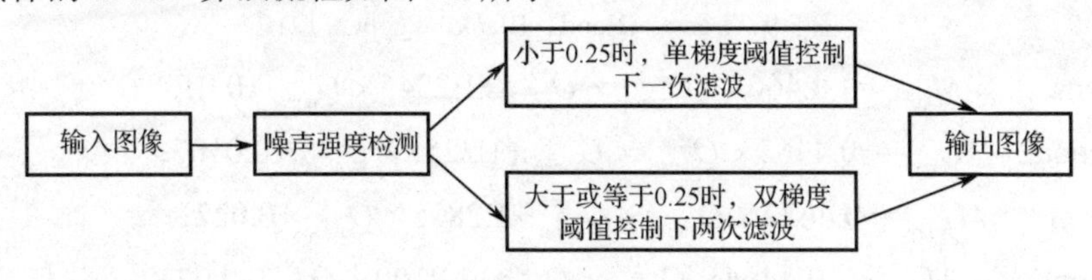

图 5.8　MFBF 算法流程图

2. 噪声强度估计公式的推导及验证

下面通过对多幅不同图像的实验来获取 Q_{noise} 与 M_{fuzzy} 的关系。统计 Lena、Blood、Black、Peppers（所有像素点的灰度值都是 0）等 4 幅（见图 5.9）特点不同的图像的噪声强度 Q_{noise} 与模糊度 M_{fuzzy} 的关系（过程类似于图 5.7），用 MATLAB 画出散点图，发现其散点图均呈现出近似于二次曲线的分布，故用二次拟合得到各个函数关系式如下：

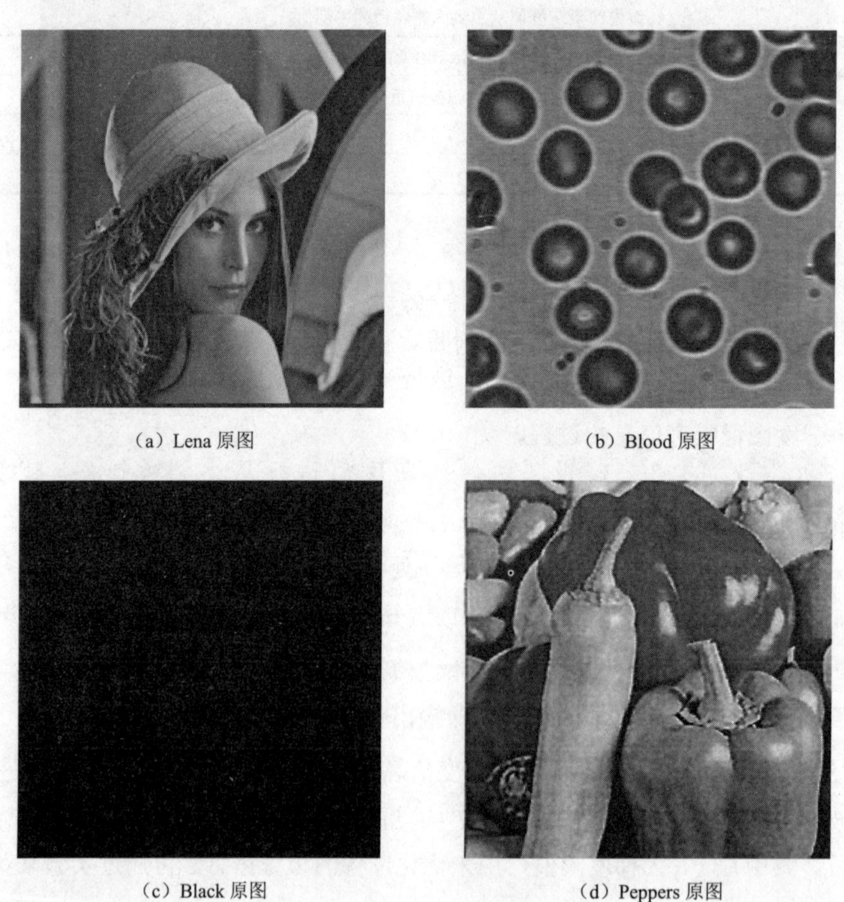

（a）Lena 原图　　（b）Blood 原图

（c）Black 原图　　（d）Peppers 原图

图 5.9　Lena、Blood、Black、Peppers 原图

Lena:　$M_{fuzzy} = -0.4603 \times Q_{noise} \times Q_{noise} + 1.2345 \times Q_{noise} + 0.0133$；

Blood:　$M_{fuzzy} = -0.4463 \times Q_{noise} \times Q_{noise} + 1.2258 \times Q_{noise} + 0.0107$；

Black:　$M_{fuzzy} = -0.4622 \times Q_{noise} \times Q_{noise} + 1.2835 \times Q_{noise} + 0.022$；

Peppers:　$M_{fuzzy} = -0.4494 \times Q_{noise} \times Q_{noise} + 1.2100 \times Q_{noise} + 0.0232$。

各幅图像的模糊度（指标）与噪声强度的关系曲线如图 5.10 所示。从图 5.10 可以看出 4 条曲线非常接近，若将 4 个拟合函数的各向同次的系数求平均，则得到通用拟合函数如下：

$$M_{\text{fuzzy}} = f(Q_{\text{noise}}) = -0.4545 \times Q_{\text{noise}} \times Q_{\text{noise}} + 1.293 \times Q_{\text{noise}} + 0.0173 \qquad (5.2.26)$$

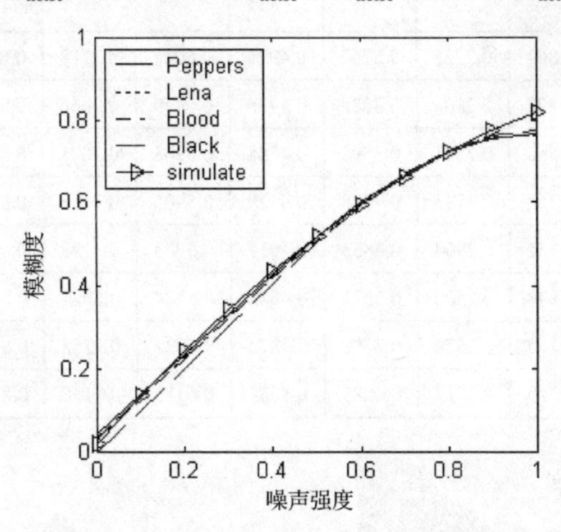

图 5.10　各幅图像的模糊度与噪声强度的关系曲线

从图 5.10 可以看出，各条拟合曲线在[0,1]区间内有很大的相似性（即使 Black 图也不例外），这说明本文提出的模糊度指标有较好的稳定性。这些函数虽然为 2 次函数，但是由于在[0, 1]区间上是单调递增的，所以可以求反函数，对式（5.2.26）在[0,1]上求反函数得：

$$Q_{\text{noise}} = 1.3634 - \sqrt{1.897 - 2.2 \times M_{\text{fuzzy}}} = f(M_{\text{fuzzy}}) \qquad (5.2.27)$$

式（5.2.26）、式（5.2.27）中的 f 表示对应法则，其定义同数学中函数的对应法则。由于式（5.2.27）是针对含噪图像的，为了防止个别人为的或者无噪声图像的干扰，约定：$Q_{\text{noise}}=0$（当 $Q_{\text{noise}}<0$ 时）；$Q_{\text{noise}}=1$（当 $M_{\text{fuzzy}}>0.86$ 或者 $Q_{\text{noise}}\geqslant 1$ 时）。

在式（5.2.7）中，由于 M_{fuzzy} 可以通过噪声图像本身来计算，故在不知道噪声强度的情况下，就可以通过此函数来从退化图像中获得噪声的强度信息。

除了图 5.9 所示的 4 幅图像，我们还测试了其他 4 幅不同图像（见图 5.11），对图像噪声的估计如表 5.2 所示。可见本文定义的可测量的度量 M_{fuzzy} 较好地估计了不可测量的噪声强度 Q_{noise}。

表 5.2　在不同图像中用 $f(M_{fuzzy})$ 估计的噪声强度

实际噪声强度 / 估计噪声强度 / 图像	0.10	0.20	0.30	0.40	0.50	0.60	0.70	0.80	0.90	1.0
Lena	0.0949	0.1807	0.2735	0.3762	0.4924	0.6018	0.7118	0.8167	0.8855	0.900
Peppers	0.1021	0.1877	0.2804	0.3838	0.4926	0.6079	0.7066	0.8051	0.8751	0.909
Black	0.0672	0.1560	0.2541	0.3593	0.4788	0.5908	0.7091	0.8179	0.8959	0.9273
Blood	0.0936	0.1766	0.2733	0.3748	0.4829	0.5906	0.7155	0.8187	0.8791	0.9062
View	0.1431	0.1961	0.2904	0.3835	0.4937	0.5973	0.7128	0.8122	0.8681	0.9089
Bw	0.0689	0.1538	0.2500	0.3521	0.4648	0.5734	0.6921	0.8131	0.8790	0.9148
Couple	0.0860	0.1760	0.2679	0.3750	0.4874	0.6021	0.7258	0.8134	0.8906	0.8991
Dragon	0.1397	0.2219	0.3117	0.4085	0.5038	0.6115	0.7150	0.8117	0.8746	0.9143

（a）View

（b）Bw

（d）Couple

（d）Dragon

图 5.11　其他 4 幅实验图像

模糊度指标和噪声强度估计的主要 VC++函数的代码如下：

```
BOOL CDib::MohuZhibiao(LPSTR lpDIBBits, LONG width, LONG height,int r)
{
    unsigned char *lpSrc,*lpDst;
    LPSTR lpnewDIBBits;
    HLOCAL hnewDIBBits;
    unsigned char *value;
    HLOCAL array;
    LONG i,j,k,l,B;
    int fw,fh,fx,fy;
    fw=2*r+1;fh=2*r+1;
    fx=r;fy=r;
    B=WIDTHBYTES(width*8);
    hnewDIBBits=LocalAlloc(LHND,B*height);
    if(hnewDIBBits==NULL)
    return FALSE;
    lpnewDIBBits=(char*)LocalLock(hnewDIBBits);
    memcpy(lpnewDIBBits,lpDIBBits,B*height);
    array=LocalAlloc(LHND,fh*fw);
    if(array==NULL)
    {
        LocalUnlock(hnewDIBBits);
        LocalFree(hnewDIBBits);
        return FALSE;
    }
    value=(unsigned char*)LocalLock(array);
    int mid;
    float s,y,x,sum,s1;
    s1=0;s=0;
    unsigned char x1;
    x=0;
    for(i=fy;i<height-fh+fy+1;i++)
    {
        for(j=fx;j<width-fw+fx+1;j++)
        {
            lpDst=(unsigned char*)lpnewDIBBits+B*(height-i-1)+j;
            for(k=0;k<fh;k++)
            {
```

```
                    for(l=0;l<fw;l++)
                    {
                        lpSrc=(unsigned char*)lpDIBBits+B*(height-1-i+
                                fy-k)+j-fx+l;
                        value[k*fw+l]=*lpSrc;  }
                }
                x1=*lpDst;
                x=x1*1.0/255;
                if(x==1.0)
                    x=x-0.00001;
                if(x==0)
                x=x+0.00001;
                y=(-1.0)*x*log(x)-(1.0-x)*log(1.0-x);
                mid=Getmidnum(value,fh*fw,0.5);
                s1+=abs(*lpDst-mid);
            }
        }
        double Q;
        Q=0;
        s=2.0*s1/(width*height*255);
        Q=1.3634-1.0*sqrt(1.897-2.2*s);
        memcpy(lpDIBBits,lpnewDIBBits,B*height);
        LocalUnlock(hnewDIBBits);
        LocalFree(hnewDIBBits);
        LocalUnlock(array);
        LocalFree(array);
        CString CView;
        CView.Format("图像的模糊度指标是：%f，噪声强度：%f",s, Q);
        MessageBox(NULL,CView, "计算结果" ,   MB_ICONINFORMATION | MB_OK);
        return true;
}
```

3. 梯度幅值的阈值 $\hat{T}$ 的确定

为了考察梯度阈值的选择，选用均方差（Mean Square Error，MSE）作为衡量最终算法去噪好坏的判别指标：

$$\text{MSE}=\frac{1}{m\times n}\sum_i\sum_j(O_{i,j}-I_{i,j})^2 \tag{5.2.28}$$

式中，$O_{i,j}$和$I_{i,j}$ 分别表示原图像的像素灰度值和退化图像经过处理后的像素灰度值。MSE 越小，说明与原图像越接近，即图像处理的效果越好。以 Lena 图像为例，图 5.11 显示了 MSE 与 $\hat{T}$ 的取值之间的关系。由图 5.12 可见，当噪声强度小于 0.25 时，$\hat{T}$ 取 250 时，MSE 最低；但是当噪声强度大于或等于 0.25 时，MSE 有递增的趋势，即 $\hat{T}$ 取得越小，效果可能越好。为了后续处理的需要和能够获得视觉上的良好感知，对多幅不同的图像进行实验发现阈值取 1 时效果最好，且因为大部分像素点灰度值都大于 1，故第一次滤波能尽可能地保留图像的原有信息，减少模糊；另外通过实验发现用 $\hat{T}$=1 一次滤波后的 Q_{noise} 变得较小（小于 0.20）（如表 5.3 所示），故再取 $\hat{T}$=250 进行二次滤波即可，程序计算中取 t_1=250，t_2=1。

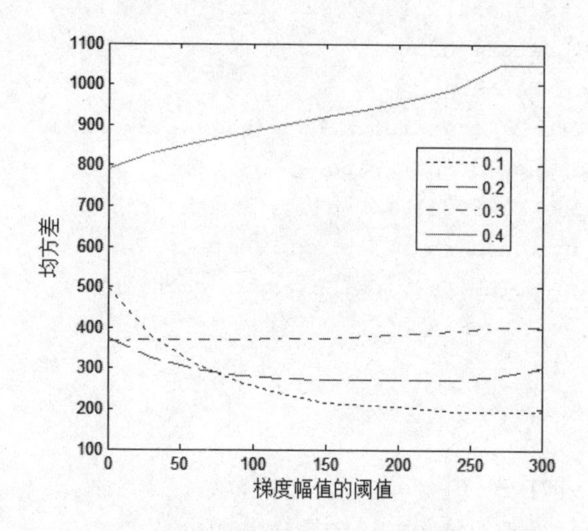

图 5.12　不同噪声强度下 MSE 与 $\hat{T}$ 的相关曲线

表 5.3　Lena 等图像用本文算法一次滤波后的噪声强度表

初始噪声强度 / $\hat{T}=1$ 一次滤波后的噪声强度 / 图像	0.4	0.5	0.6
Lena	0.022	0.029	0.051
View	0.02	0.026	0.058
Blood	0.034	0.041	0.044

该算法的主要程序代码如下：

```
BOOL CDib::NoiseRemove1(LPSTR lpDIBBits, LONG width, LONG height,int Y)
{
    unsigned char *lpDst1,*lpDst2;
    LPSTR lpnewDIBBits1,lpnewDIBBits2;
```

```
HLOCAL hnewDIBBits1,hnewDIBBits2;
long i,j,B;
B=WIDTHBYTES(8*width);
int th,tw,tx,ty;
FLOAT atemplate[9],f;
hnewDIBBits1=LocalAlloc(LHND,width*height);
if(hnewDIBBits1==NULL)
    return FALSE;
lpnewDIBBits1=(char*)LocalLock(hnewDIBBits1);
hnewDIBBits2=LocalAlloc(LHND,width*height);
if(hnewDIBBits2==NULL)
    return FALSE;
lpnewDIBBits2=(char*)LocalLock(hnewDIBBits2);
lpDst1=(unsigned char*)lpnewDIBBits1;
memcpy(lpnewDIBBits1,lpDIBBits,width*height);
lpDst2=(unsigned char*)lpnewDIBBits2;
memcpy(lpnewDIBBits2,lpDIBBits,width*height);
tw=3;
th=3;
f=1.0;
tx=ty=1;
atemplate[0]=-1.0;atemplate[1]=0;
atemplate[2]=1.0;atemplate[3]=-1.0;
atemplate[4]=0.0;atemplate[5]=1.0;
atemplate[6]=-1.0;atemplate[7]=0.0;atemplate[8]=1.0;
if(!Template(lpnewDIBBits1,width,height,tw,th,tx,ty,atemplate,f))
{return FALSE;}
atemplate[0]=1.0;atemplate[1]=1.0;
atemplate[2]=1.0;atemplate[3]=0.0;
atemplate[4]=0.0;atemplate[5]=0.0;
atemplate[6]=-1.0;atemplate[7]=-1.0;atemplate[8]=-1.0;
if(!Template(lpnewDIBBits2,width,height,tw,th,tx,ty,atemplate,f))
{   return FALSE;}
int r;
r=2;
unsigned char *lpSrc,*lpDst;
LPSTR lpnewDIBBits3;
HLOCAL hnewDIBBits3;
```

```
unsigned char *value;
HLOCAL array;
LONG k,l;
int fw,fh,fx,fy;
fw=2*r+1;fh=2*r+1;
fx=r;fy=r;
B=WIDTHBYTES(width*8);
hnewDIBBits3=LocalAlloc(LHND,B*height);
if(hnewDIBBits3==NULL)
    return FALSE;
lpnewDIBBits3=(char*)LocalLock(hnewDIBBits3);
memcpy(lpnewDIBBits3,lpDIBBits,B*height);
array=LocalAlloc(LHND,fh*fw);
if(array==NULL)
{
    LocalUnlock(hnewDIBBits3);
    LocalFree(hnewDIBBits3);
    return FALSE;
}
value=(unsigned char*)LocalLock(array);
double mid,min,max;
unsigned char T,gra;
for(i=fy;i<height-fh+fy+1;i++)
{
    for(j=fx;j<width-fw+fx+1;j++)
    {
        lpDst1=(unsigned char*)lpnewDIBBits1+B*(height-1-i)+j;
        lpDst2=(unsigned char*)lpnewDIBBits2+(height-i-1)*B+j;
        lpDst=(unsigned char*)lpnewDIBBits3+B*(height-i-1)+j;
        gra=abs(*lpDst1)+abs(*lpDst2);
        for(k=0;k<fh;k++)
        {
            for(l=0;l<fw;l++)
            {
                lpSrc=(unsigned char*)lpDIBBits+B*(height-1-i+
                            fy-k)+j-fx+l;
                value[k*fw+l]=*lpSrc;
            }
```

```
                }
            mid=Getmidnum(value,fh*fw,0.5);
            min=Getmidnum(value,fh*fw,0.0);
            max=Getmidnum(value,fh*fw,0.95);
            T=*lpDst;
            if((T==min)||(T==max))
            {T=(unsigned char)mid;}
            else
            {
                if(gra>=Y)
                T=*lpDst;
                else
                T=mid;
            }
            if(T>255)
                *lpDst=255;
                else if(T<0)
                *lpDst=0;
            else
                *lpDst=T;
            }
        }
    memcpy(lpDIBBits,lpnewDIBBits3,B*height);
    LocalUnlock(hnewDIBBits3);
    LocalFree(hnewDIBBits3);
    LocalUnlock(hnewDIBBits1);
    LocalFree(hnewDIBBits1);
    LocalUnlock(hnewDIBBits2);
    LocalFree(hnewDIBBits2);
    LocalUnlock(array);
    LocalFree(array);
    return TRUE;
}

BOOL CDib::NoiseRemove2(LPSTR lpDIBBits, LONG width, LONG height)
{
    unsigned char *lpSrc,*lpDst;
    LPSTR lpnewDIBBits;
    HLOCAL hnewDIBBits;
    unsigned char *value;
```

```
HLOCAL array;
LONG i,j,k,l,B;
int r;
r=1;
int fw,fh,fx,fy;
fw=2*r+1;fh=2*r+1;
fx=r;fy=r;
B=WIDTHBYTES(width*8);
hnewDIBBits=LocalAlloc(LHND,B*height);
if(hnewDIBBits==NULL)
    return FALSE;
lpnewDIBBits=(char*)LocalLock(hnewDIBBits);
memcpy(lpnewDIBBits,lpDIBBits,B*height);
array=LocalAlloc(LHND,fh*fw);
if(array==NULL)
{
    LocalUnlock(hnewDIBBits);
    LocalFree(hnewDIBBits);
    return FALSE;
}
value=(unsigned char*)LocalLock(array);
int mid;
float s,s2,x,sum,s1;//s3,
s1=0;s=0;
sum=0;
x=0;
s2=0;
for(i=fy;i<height-fh+fy+1;i++)
{
    for(j=fx;j<width-fw+fx+1;j++)
    {
        lpDst=(unsigned char*)lpnewDIBBits+B*(height-i-1)+j;
        for(k=0;k<fh;k++)
        {
            for(l=0;l<fw;l++)
            {
                lpSrc=(unsigned char*)lpDIBBits+B*(height-1-i+
                        fy-k)+j-fx+l;
                value[k*fw+l]=*lpSrc;

            }
        }
        mid=Getmidnum(value,fh*fw,0.5);
        s1+=abs(*lpDst-mid);
    }
}
double Q;
Q=0;
s=2.0*s1/(width*height*255);
```

```
    Q=1.3634-1.0*sqrt(1.897-2.2*s);
    if(Q<0.25)
    {
        NoiseRemove1(lpnewDIBBits,width,height,250);
    }
    else
    {
        NoiseRemove1(lpnewDIBBits,width,height,1);
        NoiseRemove1(lpnewDIBBits,width,height,250);
    }
    memcpy(lpDIBBits,lpnewDIBBits,B*height);
    LocalUnlock(hnewDIBBits);
    LocalFree(hnewDIBBits);
    LocalUnlock(array);
    LocalFree(array);
    return TRUE;
}
```

5.2.6 仿真实验与结果分析

将本书算法 MFBF 与传统中值滤波算法（Traditional Median Filter，TMF）、OTSM 及 IMF 算法进行比较，其均方差（MSE）与所加噪声强度的关系如图 5.13 所示。

由图 5.13 可以看出，本文的 MFBF 算法不但对各类常规图像都有较好的适应性，而且对于简单的黑白图像处理也有效，且在噪声强度较高的时候更能显示其优势。对于细节丰富的 Lena 图像，虽然在噪声强度为 30%～40%的时候，均方差较 OTSM 算法大，但是图像处理的视觉效果优于 OTSM 算法（OTSM 算法对噪声去除得不彻底），图 5.14～图 5.17 是具体的图像处理效果比较。

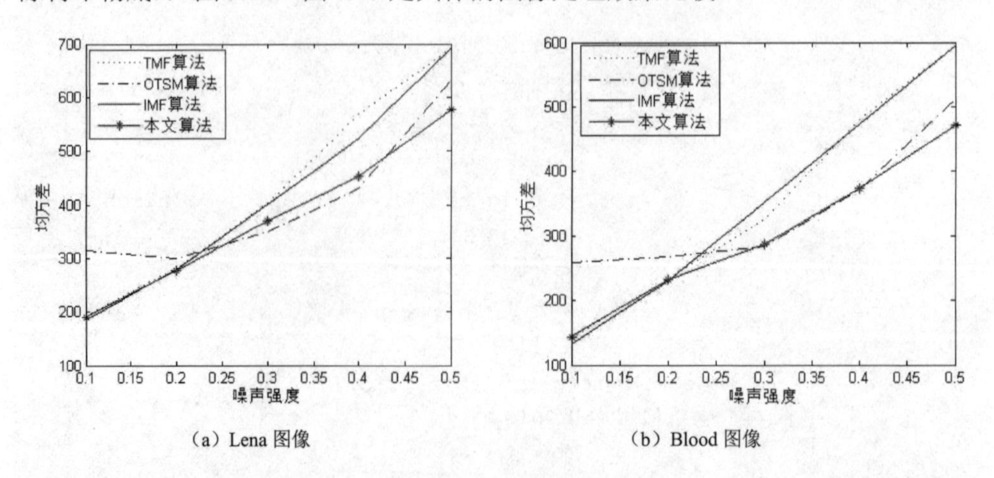

（a）Lena 图像　　（b）Blood 图像

图 5.13　Lena、Blood、Bw、View 用几种不同算法处理后的均方误差与噪声强度关系曲线

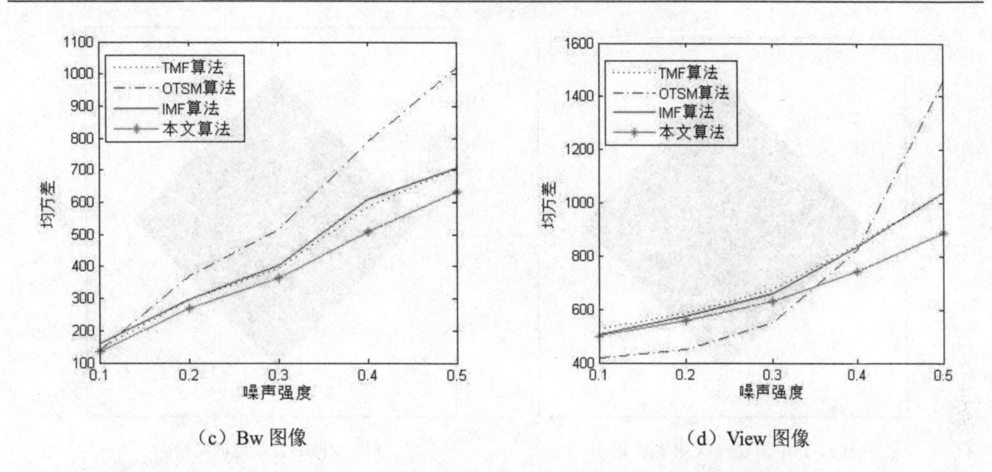

（c）Bw 图像　　（d）View 图像

图 5.13　Lena、Blood、Bw、View 用几种不同算法处理后的均方误差与噪声强度关系曲线（续）

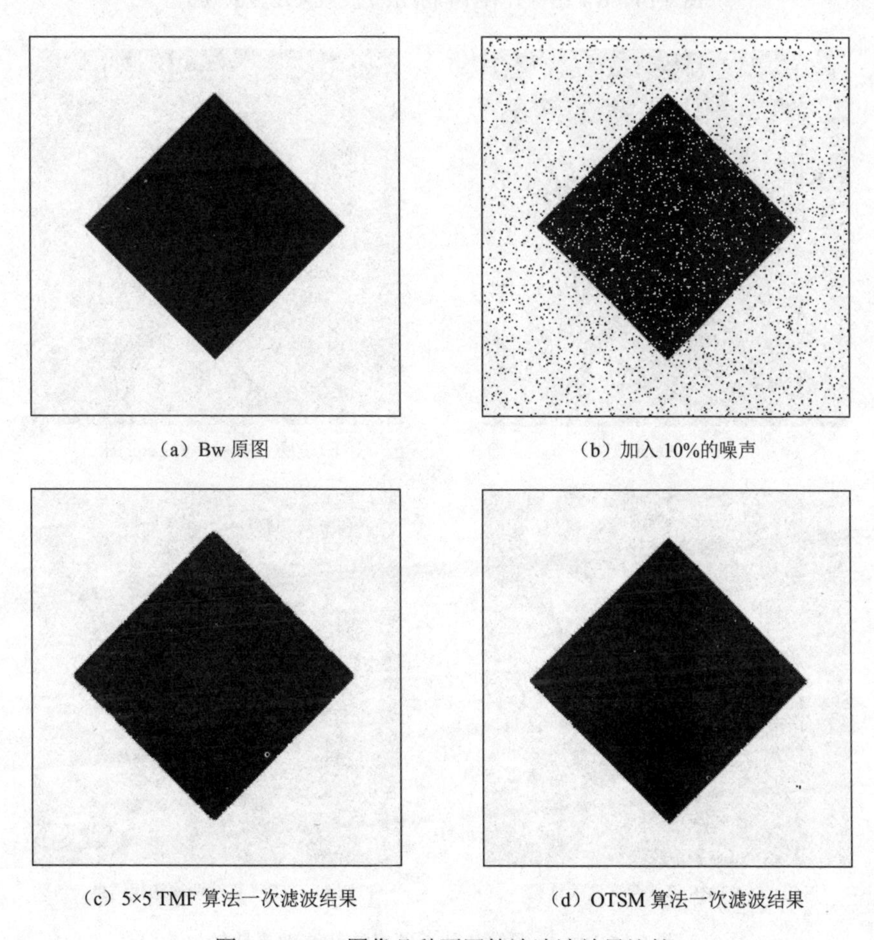

（a）Bw 原图　　（b）加入 10%的噪声

（c）5×5 TMF 算法一次滤波结果　　（d）OTSM 算法一次滤波结果

图 5.14　Bw 图像几种不同算法滤波效果比较

（e）IMF 算法一次滤波结果

（f）MFBF 算法滤波结果

图 5.14　Bw 图像几种不同算法滤波效果比较（续）

（a）Lena 原图

（b）加入 35%噪声的 Lena 图

（c）5×5 TMF 算法两次迭代结果

（d）OTSM 算法两次迭代结果

图 5.15　Lena 图像几种不同算法滤波效果比较

（e）IMF 算法两次迭代结果

（f）MFBF 算法滤波结果

图 5.15　Lena 图像几种不同算法滤波效果比较（续）

（a）Peppers 原图

（b）加入 50%噪声的 Peppers 图像

（c）5×5 TMF 算法两次迭代结果

（d）OTSM 两次迭代结果

图 5.16　Peppers 图像几种不同算法滤波效果比较

（e）IMF 算法两次迭代结果

（f）MFBF 算法滤波结果

图 5.16　Peppers 图像几种不同算法滤波效果比较（续）

（a）View 原图

（b）加入 20%噪声的 View 图像

（c）5×5TMF 算法两次迭代结果

（d）OTSM 两次迭代结果

图 5.17　View 图像几种不同算法滤波效果比较

（e）IMF 算法两次迭代结果

（f）MFBF 算法滤波结果

图 5.17　View 图像几种不同算法滤波效果比较（续）

从图 5.14～图 5.17 可以看出，OTSM 算法不仅在边缘保持上不太灵活，而且在保持边缘的同时遗漏了噪声颗粒，致使噪声清除不彻底，而 IMF 算法则使图像变得模糊很多（如 Bw 图的 4 个角），MFBF 算法则在合理地去除噪声的同时，较好地保持了图像的边缘等细节信息，尤其在噪声强度较大的时候（大于 35%）更表现出其优势，如 Lena 图像和 Peppers 图像，而且由于引入了模糊指标 M_{fuzzy}，因而使得对于未知噪声强度的退化图像的处理有更好的自适应性。

噪声去除算法有很多种，而且很多算法都是基于某一类含噪图像而设计的，针对脉冲噪声，基于模糊指标和噪声强度预判的 MFBF 算法，由于提前做了噪声检测，又引入了边缘检测算子——Prewwit 梯度算子，并通过实验获得近似最佳阈值来优化边缘信息，使得滤波在去除噪声的同时，更好地保持了边缘等细节信息。这种算法可以推广到去除其他类别噪声的过程中去，以进一步优化去噪效能。

5.3　基于序列图像的高密度脉冲噪声去除新方法

中值滤波作为一种排序统计滤波器，在脉冲噪声密度较小（<20%）时，有很好的清除作用，但是随着噪声密度的增大，其不完美就表现出来了，由于总是用中值来取代滤波窗内的像素灰度值，造成了图像的细节模糊，尤其是当噪声密度大于 50%时，排序后的中值往往在很大概率上恰好是噪声点，再用中值滤波就会造成严重的图像失真，为此提出了很多改进的中值滤波算法（见第 5.1 节）。对于椒盐噪声，MMEM（Minimum-Maximum Exclusive Mean）滤波算法在去除噪声、恢复图像时取得了不错的效果，但是由于其是针对一幅图像来处理的，从单幅图像上来获

取尽可能多的恢复信息，随着噪声密度的增大，这种可以获得的信息越来越少，很难再有精确的恢复。不妨考虑一下利用多幅图像的有用信息来恢复图像，这样恢复精度就会有很大的提高。

如果条件允许，可以获得多幅噪声图像的序列样本，而对于静态或者缓慢运动的图像序列，利用各帧间信号的相关性和噪声的不相关性，采用多幅图像的求平均技术，可以大大改善图像的信噪比，提高清晰度。例如，如果有 n 幅图像求平均，输出图像的信噪比就会提高 $\sqrt{n}$ 倍，该算法虽然能在一定程度上抑制图像的噪声，但是使得图像模糊了很多。本节根据椒盐脉冲噪声的特点，提出了一种基于序列图像的点对点检测算法（A New Algorithm for Removing Impulse Noise Based on Sequential Images，BSIF），并给出了部分 VC++程序代码。在能获得序列图像的条件下，该方法恢复精度很高，而且简单、省时，优于传统的图像恢复算法。

5.3.1 MMEM 滤波算法

MMEM 滤波算法的优点在于：对于大于 40%的脉冲噪声（尤其是椒盐噪声）也表现出较好的处理效果，它充分考虑脉冲噪声的正负冲击特性，并且在滤波过程中利用阈值限制，以更好地保持图像细节。MMEM 算法也是通过模板卷积来实现的，具体步骤如下。

（1）用 $W_n(i,j)$ 表示图像中中心在像素点 (i,j)、大小为 $n\times n$ 的窗口，$x_{i,j}$ 表示像素点 (i,j) 的灰度值，$x_{i,j}^{\text{out}}$ 表示最终输出的灰度值，首先令 n=3。

（2）找出 $W_n(i,j)$ 中像素灰度值的最大值 $\max x_{i,j}$ 和最小值 $\min x_{i,j}$。

（3）如果 $[x_{i,j}/4]=[\max x_{i,j}/4]$，或者 $[x_{i,j}/4]=[\min x_{i,j}/4]$，则去除这样的像素点 (i,j)。

（4）如果窗口内所有的像素点都被去除，则令 n=5，转第（2）步。

（5）计算所有没被去除的像素点的灰度平均，记为 avg；此时，如果 n=5，且所有的像素点均被去除，则将四个像素 $(i,j+1),(i,j-1),(i-1,j),(i,j-1)$ 的灰度平均赋给 $x_{i,j}^{\text{out}}$，作为输出。

（6）如果 $|\text{avg}-x(i,j)|>30$，则 $x_{i,j}^{\text{out}}=\text{avg}$，否则 $x_{i,j}^{\text{out}}=x_{i,j}$，即输出原来的灰度值。

该算法实际上是对最大值最小值滤波算法推广，具体的实验效果见本节后续实验仿真。

5.3.2　噪声检测

常见的噪声检测去除算法往往都是作用在单幅图像上的，脉冲噪声检测方法基于以下两个假设：

（1）受噪声污染前的图像是由很多被图像边缘分割的平整小块组成的。

（2）受噪声污染的像素点的灰度值与周边未受噪声污染的像素点的灰度值相差比较悬殊。

用 $W_n(i,j)$ 表示图像中中心在像素点 (i,j)、大小为 $n\times n$ 的窗口，$x_{i,j}$ 表示像素点 (i,j) 的灰度值，比较经典的方法通常包含以下步骤：

（1）求 $W_n(i,j)$ 窗口内像素灰度值的平均 avg（或者从小到大排序后的中值 $\text{mid}\,x_{i,j}$）；

（2）设定一个阈值 T，如果 $|x_{i,j}-\text{ave}|>T$（或者 $|x_{i,j}-\text{mid}\,x_{i,j}|>T$），则认为是噪声点，否则判断为好的像素点。

由于现实中噪声产生的随机性，使得相同的图像在不同的时刻通过同一通道时（即噪声源相同，图像所受污染的噪声密度差不多），受到噪声污染的像素点坐标并不完全相同。虽然从整体上来说，所受噪声污染的密度差不多，但是从局部上来看，往往会出现下列情形，如图 5.18 所示。

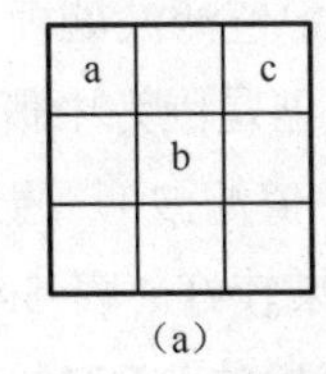

（a）

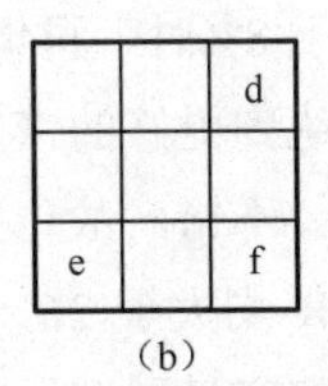

（b）

图 5.18　相同图像区域不同时刻的噪声点比较

图 5.18（a）中 a、b、c 三点被污染，其余像素点的灰度值没有发生改变；而图 5.18（b）中就有可能 d、e、f 三点被污染，而其余像素点灰度值没有发生改变。基于这一点，可以这样想，只要找到一种判别方法，可以判别噪声点和非噪声点，那么就可以利用多幅图的过滤来获得理想的恢复图像。具体做法是，从多幅图像中判断当前像素点，如果是好的像素点，则复制到新的输出图像相应的位置；如果不是，则再判断下一幅图像的像素状况。这实际上是逻辑“或”的运算过程，设未被污染的像素为真，被污染的为假，将取逻辑“或”结果为真的像素点复制到新的待输出图像。由于椒盐噪声的特殊性，可以用下列检测方法：

记 min 和 max 分别表示正负脉冲灰度的最小和最大值。将输入的噪声图像与含有同等密度的噪声检测图像进行点对点的检测，如果输入图像当前点灰度值不等于 min 和 max，则将当前点灰度作为输出；否则，如果检测图像中的当前点灰度等于 min 和 max，则输出检测图像中的当前像素灰度。此方法会涉及用到多少幅图像来构成检测图像序列的问题，这是在实际操作中要考虑的问题，也是程序设计中的一个关键。本节通过实验重点讨论了这个问题。

5.3.3 基于实验的算法设计

首先引入盲噪声密度 Q_{noise} 的判断公式

$$Q_{\text{noise}} = 1.3634 - \sqrt{1.897 - 2.2 \times M_{\text{fuzzy}}} = f(M_{\text{fuzzy}}) \tag{5.3.1}$$

式中，

$$M_{\text{fuzzy}} = \frac{2}{m \times n} \sum_{i=1}^{m} \sum_{j=1}^{n} |(x_{i,j} - \text{mid}\, x_{i,j})/255| \tag{5.3.2}$$

用 5×5 模板在图像上滑动，$x_{i,j}$ 表示当前模板中心对应像素灰度值，$\text{mid}\, x_{i,j}$ 表示模板下所有像素灰度值从小到大排序后的中值。式（5.3.1）可以对椒盐噪声的密度进行估计，从而为下面改进算法中噪声密度的判别带来方便。

我们对 Cameraman、Lena（见图 5.21 和图 5.22）等多幅图像进行了实验，分别加入 50%、60%、70%、80%、90%的椒盐噪声，发现其 PSNR 与图像幅数的增加表现出类似的关系。实验证明，当图像的 PSNR 大于 26 时，图像的可视性效果佳；图像的噪声密度小于 8%时，再调用 3×3 中值滤波处理（这里也可以调用一些改进的中值滤波算法来达到更好的恢复效果，但是因为中值滤波简单易实现，且对于如此小的噪声处理已经不错，故这里选用中值滤波），通过对多幅图像的实验，发现处理后的图像 PSNR 均大于 26，视觉效果较好。表 5.4 显示了用 Cameraman 图像实验所得到的噪声密度与图像幅数及检测后的 PSNR 之间的关系。

表 5.4 Cameraman 不同噪声密度图的 PSNR 变化与图像幅数的关系

噪声密度	50%	60%	70%	80%	90%
图像幅数	8	10	15	22	28
PSNR	28.8880	26.9581	27.5238	26.5171	16.5220

从表 5.4 中可以看出，随着噪声密度的增加，所需要的检测图像幅数（包括原噪声图像）也不断增加，实际上当噪声密度小于 50%时，需要少量几幅图像就可以达到很高的 PSNR 值，我们也可以从图 5.17 的曲线变化看出这一规律。以图 5.19（a）Cameraman 图像和图 5.19（b）Lena 图像为例，在不同的噪声密度下，用 MATLAB 作出不同噪声密度下图像幅数与滤波处理后的 PSNR 之间的关系曲线

图，如图 5.19 所示。

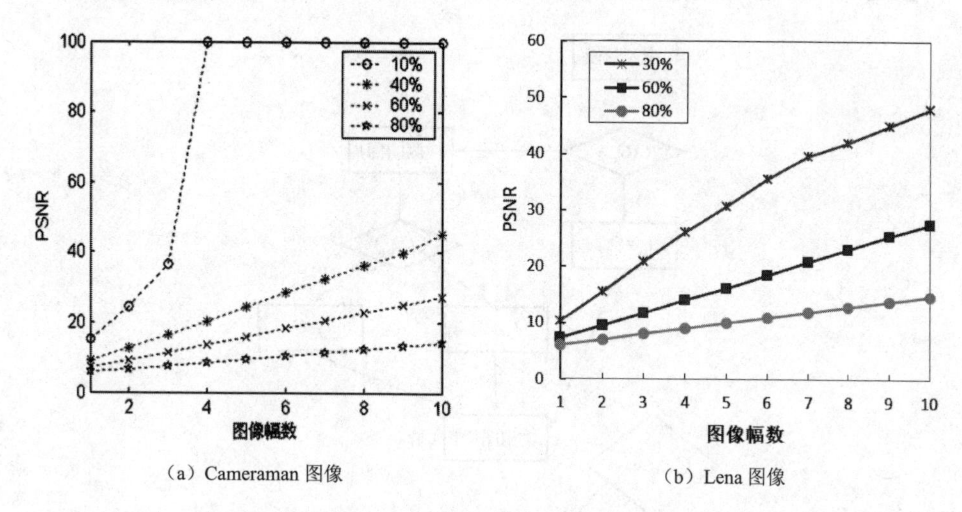

（a）Cameraman 图像　　（b）Lena 图像

图 5.19　不同噪声密度下 PSNR 与图像幅数间的关系曲线

实验结果显示，大部分图像都有图 5.19 所示的变化规律，根据表 5.4 和图 5.19，我们可以做到在具体图像处理时心中有数，只要知道噪声密度，就可以推算出需要多少幅检测图像，其中小于 50%的噪声可以用传统方法去噪；如果条件允许，也可以用本节的 BSIF 方法，少数几幅图像就可以获得理想的处理效果。故为了节约时间和增加图像处理的自适应性，对于噪声密度≥50%的噪声图像，我们把图像处理的算法进行如下改进：

将输入的噪声图像与含有同等密度的噪声检测图像进行点对点的检测，如果输入图像当前点灰度值不等于 min 和 max，则将输入图像的当前点灰度值作为输出；否则，如果检测图像中的当前点灰度值不等于 min 和 max，则将检测图像中的当前像素灰度值赋给输入图像的当前点，作为输出；如果检测图像中的当前点灰度值等于 min 和 max，则将输入图像的当前像素灰度值作为输出。将输出图像继续与下一幅噪声检测图像进行点对点的检测，用噪声密度判别公式 Q_{noise} 来判断噪声密度，如果得到的输出图像的噪声密度<8%，则调用 3×3 中值滤波来处理。因为该算法是一个序列图像迭代的过程，故只给出第一步的算法流程图，其他各步同理可得。

记 $O_{i,j}$，$D_{i,j}^1$ 和 $I_{i,j}$ 分别表示输入图像、第一幅检测图像和第一幅输出图像在点 (i,j) 的灰度值，定义条件函数：

$$C(x) \triangleq \{x \mid x \neq \min \text{且} x \neq \max\}$$

BSIF 算法的部分流程图如图 5.20 所示。

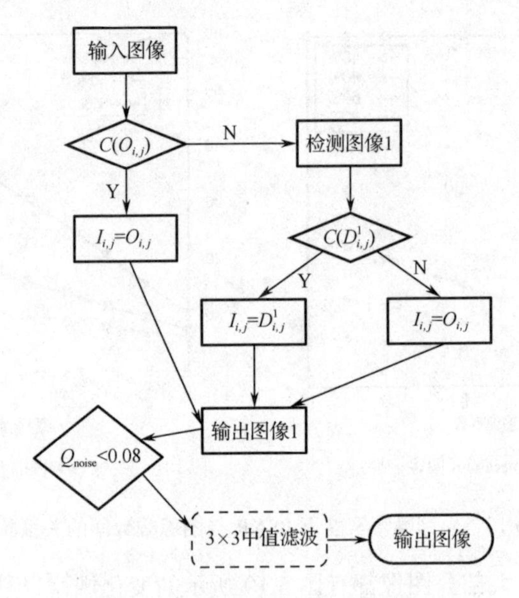

图 5.20　BSIF 算法的部分流程图

BSIF 的主要程序 VC++代码如下：

```
BOOL CDib::BSIF(LPSTR lpDIBBits, LPSTR lpDIBBitsBg, LONG width, LONG
height)
  {
     unsigned char *lpSrc,*lpSrcBg,*lpDst;
     long i,j,B;
     B=WIDTHBYTES(8*width);
     HLOCAL hnewDIBBits;
     LPSTR lpnewDIBBits;
     hnewDIBBits=LocalAlloc(LHND,width*height);
     if(hnewDIBBits==NULL)
     return FALSE;
     lpnewDIBBits=(char*)LocalLock(hnewDIBBits);
     lpDst=(unsigned char*)lpnewDIBBits;
     memset(lpDst,(BYTE)255,width*height);
  for(i=0;i<height;i++)
  {
     for(j=0;j<width;j++)
     {
        lpSrc=(unsigned char*)lpDIBBits+B*i+j;
```

```
        lpSrcBg=(unsigned char*)lpDIBBitsBg+B*i+j;
        lpDst=(unsigned char*)lpnewDIBBits+B*i+j;

        if((*lpSrc==0)||(*lpSrc==255))
        *lpDst=*lpSrcBg;
        else
        *lpDst=*lpSrc;
    }
}
LocalUnlock(hnewDIBBits);
LocalFree(hnewDIBBits);
memcpy(lpDIBBits,lpnewDIBBits,width*height);
   return TRUE;
}
```

5.3.4　仿真实验与结果分析

下面以峰值信噪比 PSNR 作为衡量图像恢复效果好坏的标准：

$$\text{PSNR}=10\lg\left(\frac{255\times 255}{\text{MSE}}\right) \tag{5.3.3}$$

式中，

$$\text{MSE}=\frac{1}{m\times n}\sum_i\sum_j(O_{i,j}-I_{i,j})^2 \tag{5.3.4}$$

其中 $O_{i,j}$ 和 $I_{i,j}$ 分别表示原图像的像素灰度值和退化图像经过处理后的像素灰度值。m,n 表示图像的宽度和高度（以像素为单位），PSNR 越大表示恢复后的图像与原图像越接近，恢复的效果越好。

表 5.5 以 Lena 图为例，对本文算法与传统中值滤波算法（TMF）、MMEM 算法、5.2 节的 MFBF 算法的 PSNR 进行了比较，其在客观上反映了各算法的图像处理优劣。

表 5.5　加不同密度脉冲噪声的各方法处理效果的 PSNR 比较

噪声密度	TMF（3×3）	TMF（5×5）	MMEM	MFBF	BSIF
10%	29.15	26.80	33.60	29.36	4 幅几乎恢复
20%	25.93	25.68	32.90	27.67	48.13（6 幅）
30%	22.18	24.40	31.41	26.48	48.13（8 幅）
40%	18.05	22.91	30.21	25.79	45.12（10 幅）

续表

噪声密度	TMF（3×3）	TMF（5×5）	MMEM	MFBF	BSIF
50%	14.50	20.56	29.29	22.53	31.64
60%	11.87	17.14	28.75	19.97	31.52
70%	9.65	13.55	27.05	15.53	31.63
80%	7.92	10.25	25.84	10.98	31.60
90%	6.30	7.15	23.32	7.94	26.48

图 5.19 和图 5.20 展示了各滤波算法对图像 Cameraman 和 Lena 的图像处理效果对比，从图像的主观视觉效果上很明显地看到本文算法的优势。

（a）原图像

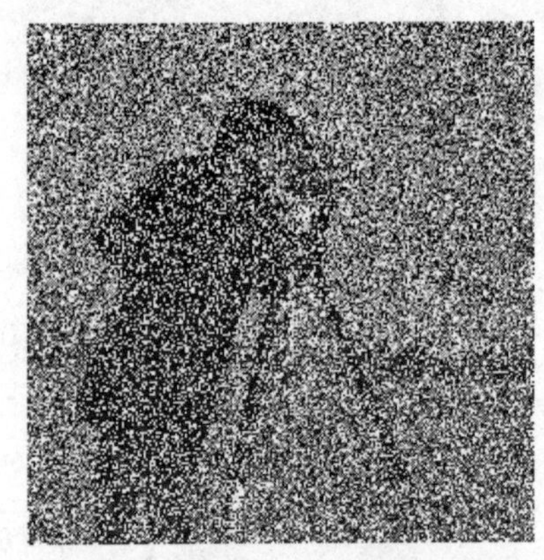

（b）加入 60%的脉冲噪声

（c）5×5 中值滤波算法（两次）

（d）MMEM 滤波算法

图 5.21　Cameraman 噪声图像不同滤波算法的比较

（e）MFBF 算法

（f）BSIF 算法

图 5.21　Cameraman 噪声图像不同滤波算法的比较（续）

（a）Lena 原图像

（b）加入 80%脉冲噪声

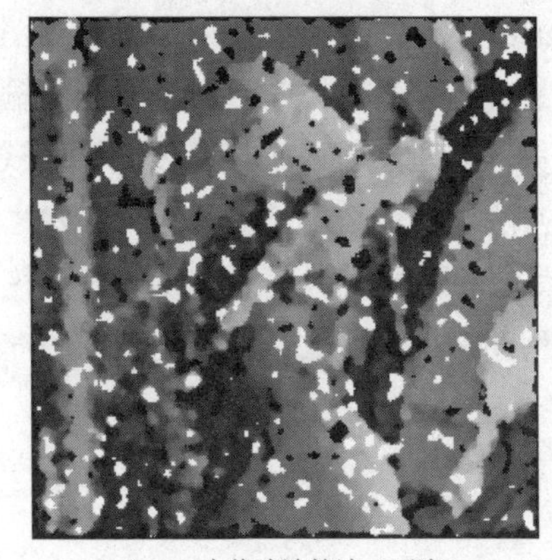

（c）5×5 中值滤波算法（两次）

（d）MMEM 滤波算法

图 5.22　Lena 噪声图像在不同滤波算法下的噪声去除效果比较

（e）MFBF 算法

（f）本文算法

图 5.22　Lena 噪声图像在不同滤波算法下的噪声去除效果比较（续）

5.4　本章小结

本章首先介绍了消除脉冲噪声的常用算法，然后介绍了作者的研究成果。模糊指标的提出和验证为脉冲噪声强度的估计提供了极大的方便，使后续的噪声去除算法更具针对性。5.1 节改进的中值滤波器算法由于引入了梯度算子，而梯度算子的阈值很好地限制了边缘，因此滤波器可以在保留边缘细节和其他细节的同时去除噪声，并且由于用模糊指标来确定噪声强度，噪声处理自适应性较强，对于密度稍高的脉冲噪声处理效果较好；最终的实验结果从主观和客观方面验证了该算法的优势。

对于脉冲噪声严重污染的图像（大于 50%），提出了一种使用多幅序列图像的点对点噪声检测算法。首先确定噪声点和非噪声点，然后将非噪声点复制到输出图像。给出了噪声密度和所需图像数量之间的关系。通过引入噪声密度判别公式，实现了噪声图像的自适应处理。实验表明，该方法优于传统的滤波算法。从水平单个图像处理到垂直序列图像的延伸，利用序列图像的不同优势可以获得更好的恢复效果，可以将此算法扩展到慢速运动的视频序列图像处理中去，以达到预期的图像处理效果。

第 6 章　滤波算法在现代图像分析中的应用

6.1　滤波在医学图像处理中的应用

现代医学成像技术的发展是从伦琴（Roentgen）发现 X 射线并拍摄了第一张 X 射线胶片开始的，近年来，随着计算机技术的发展，医学成像技术发展迅速。借助于计算机断层扫描（CT）和核磁共振成像（MRI），超声成像，介入放射学和其他成像技术，影像诊断和影像治疗相继出现，医生的诊断不仅基于经验和主观的判断，还可以由图像直观地确定病变位置和大小。这是医学发展史上的重大进步，特别是介入放射学的出现，使医学成像从简单的医学图像诊断到可以诊断和治疗的双重功能，在整个医学领域中占有非常重要的地位。

随着医学成像技术的飞速发展及其在实际诊断和治疗中的广泛应用，人们对获取图像的质量有了越来越高的要求，这对医疗设备的创新和医学图像处理技术的不断进步都起到了很大的促进作用。然而，生物医学图像在生成、采集、传输和重建的过程中，图像会受到各种噪声的干扰。这些噪声干扰对图像信息的处理、传输和存储有很大的不利影响，会干扰图像细节，并妨碍医生准确地确定病变信息。将图像的滤波去噪技术应用到医学影像图像的去噪中去，可以有效改善医学图像的图像质量。目前，对医学影像图像进行去噪预处理的方法主要有基于空域的滤波算法，如邻域滤波、中值滤波、维纳滤波等；基于频域的滤波算法，如基于傅里叶变换的低通滤波、自适应阈值滤波，基于小波变换的硬阈值、软阈值滤波；根据图像噪声的频谱分布的规律和统计特征及图像本身特点的综合性滤波算法等。

6.1.1　医学超声图像的去噪

1．超声图像噪声简介

超声成像由于成像设备和传输的原因，形成了其固有的特点，通常对比度差、斑点噪声多，从而导致影像中表征组织特性的特征不明显，影响了超声诊断的质量，即使经验丰富的超声诊断专家有时也无法从图像中获得有用的信息。

通过研究超声图像噪声的特性发现，在超声设备换能器的工作过程中，其组成子设备（如放大器等）将产生高斯噪声。高斯噪声是加性噪声，通常是由热噪声及由电容器、电阻器与其他电气设备所产生的电磁干扰噪声叠加并形成的。它的特征在于功率谱密度与超声图像的像素数量及信息分布无关。

另外，在超声图像采集过程中，利用了超声回波的反射、散射和折射等，由于人体组织各部分的不均匀性及空间分布的不确定性，当将超声波注入人体时，会形成大量随机分布的散射粒子，并且散射粒子之间的相互作用将产生相关的色散光束。在回波反射过程中，由于反射回波的干涉效应和散射光束之间的相互干扰，当不同光束的回波重叠时，会由于回波相位的不同出现幅度的相加增强和相减减弱，从而导致换能器包络线检测的输出中电信号的随机波动，并在超声图像中生成具有不同明暗斑点的颗粒，形成斑点颗粒噪声。

2. 超声图像的噪声模型

超声图像的噪声模型，大多数都是基于 Jain A.K 于 1989 年提出的一个乘性和加性噪声组成的模型：

$$g(x,y)=f(x,y)*n(x,y)+n_0(x,y) \tag{6.1.1}$$

式中，$f(x,y)$ 是未知的、有待恢复的真实图像，$g(x,y)$ 是实际观测到的、被噪声污染的图像，$n(x,y)$ 是乘性斑点噪声，$n_0(x,y)$ 是加性随机噪声。

因为通常来说超声图像中的乘性噪声的影响远远大于加性噪声的影响，故式（6.1.1）可改写为：

$$g(x,y)=f(x,y)*n(x,y) \tag{6.1.2}$$

超声图像斑点噪声的统计分布特性，是近似于瑞利分布的局部相关的乘性噪声，对式（6.1.2）取对数得：

$$\lg[g(x,y)]=\lg[f(x,y)]+\lg[n(x,y)] \tag{6.1.3}$$

此时乘性噪声在理论上可近似为加性高斯白噪声，然而这种假设后来经证实是不合理的，超声换能器采集到的信号经过处理（对数压缩、低通滤波、插值等）后，原始信号的特性发生了改变，上述模型不再适用。因此，着手于超声图像本身及斑点噪声特点而不是原始信号，才能更有利于去斑算法的研究。

研究结果表明，在超声图像中，加性噪声的影响远小于乘性噪声，而乘性噪声主要由斑点颗粒噪声组成。故去除斑点噪声是超声图像去噪的关键。找到如何抑制这种斑点噪声，并保留与增强图像边缘和细节特征的去噪，对于准确地进行边缘检测、图像识别、分割与定位，以及诊断器官是否病变等都具有十分重要的意义。有学者通过定义邻域斑点指数，将超声图像划分为均匀区域、含斑区域及边缘区域，再进一步处理得到了比较好的处理效果。当前，各种滤波算法已经被应用于超声图像处理，根据这些滤波算法的工作原理，可以将它们大致分为：基于空间域的滤波算法、基于变换域的滤波算法和基于扩散理论的滤波算法。

3. 超声图像的去噪实现

［案例分析 **6.1**］　下面是一张来自影像园网站的胎儿兔唇检测的超声图像，含有瑞利噪声后，各滤波算法处理的效果如图 6.1 所示，各滤波算法处理后的 PSNR 值如表 6.1 所示。

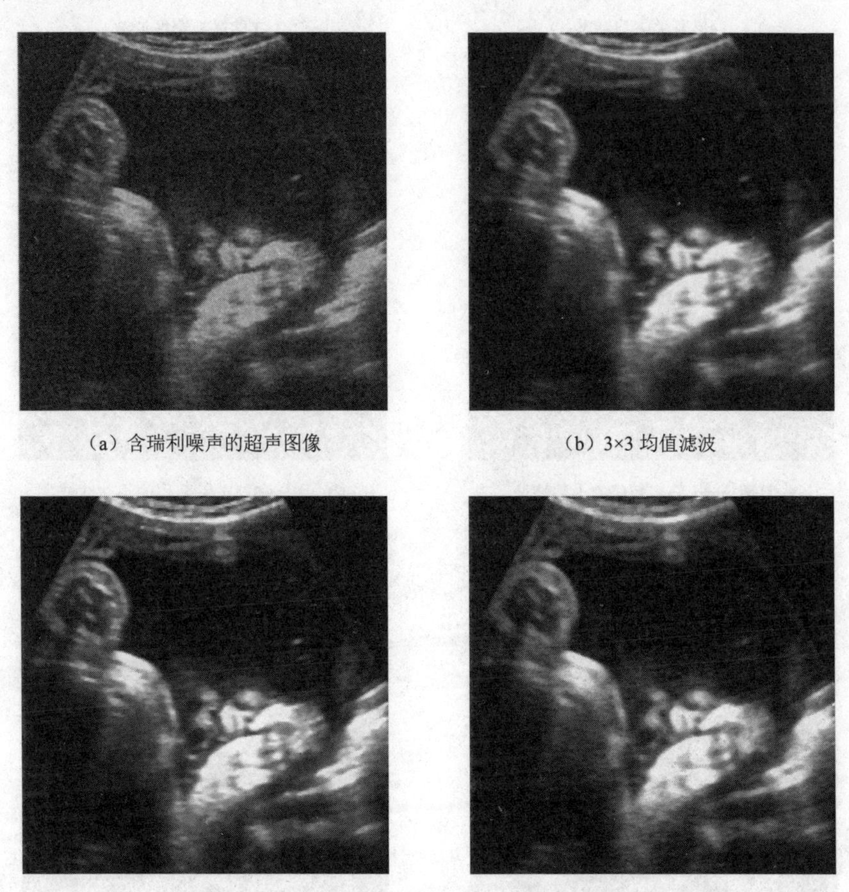

（a）含瑞利噪声的超声图像　（b）3×3 均值滤波

（c）3×3 中值滤波　（d）改进的中值滤波

图 6.1　各滤波算法对超声图像处理的效果对比

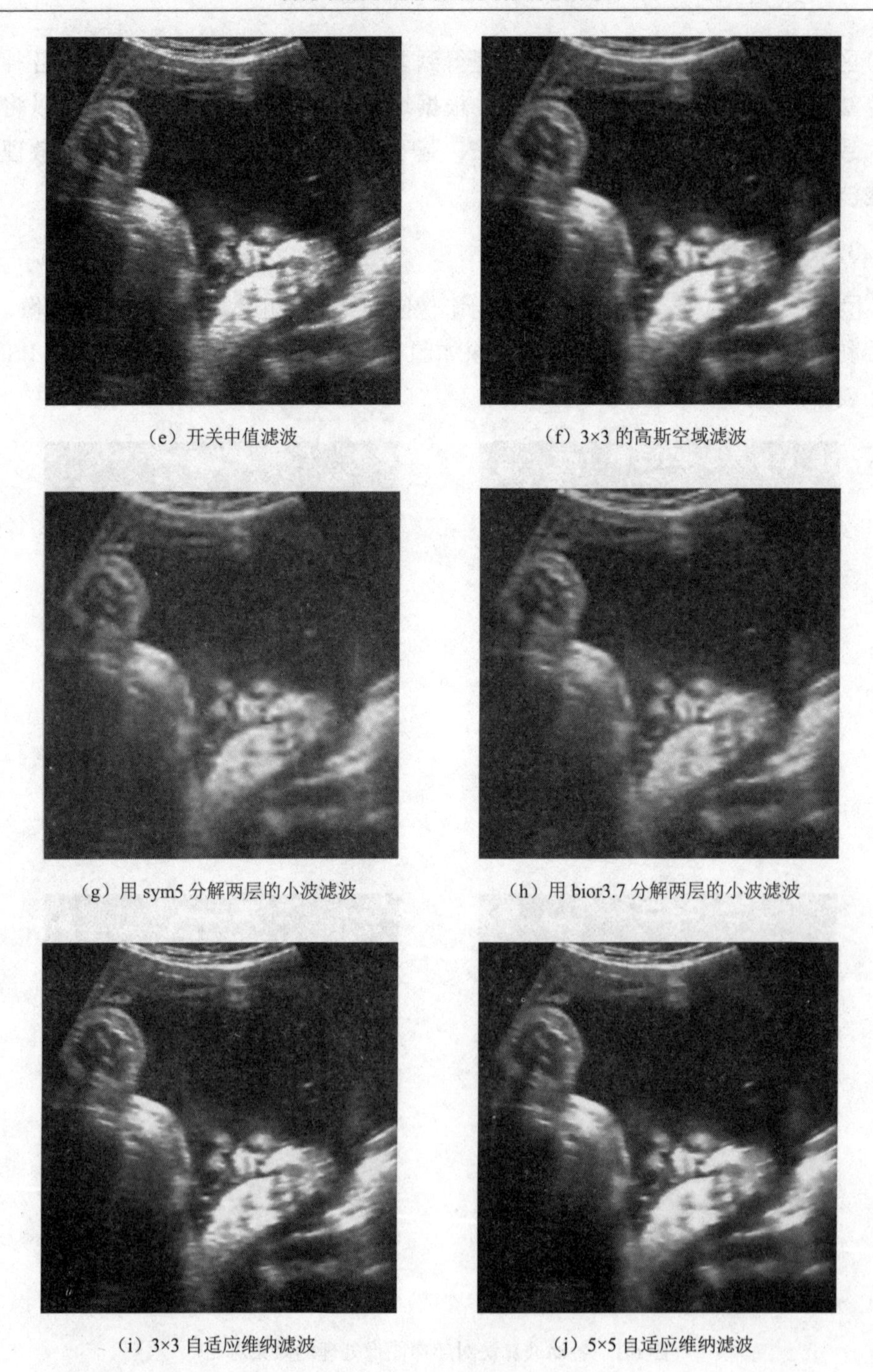

（e）开关中值滤波

（f）3×3 的高斯空域滤波

（g）用 sym5 分解两层的小波滤波

（h）用 bior3.7 分解两层的小波滤波

（i）3×3 自适应维纳滤波

（j）5×5 自适应维纳滤波

图 6.1　各滤波算法对超声图像处理的效果对比（续）

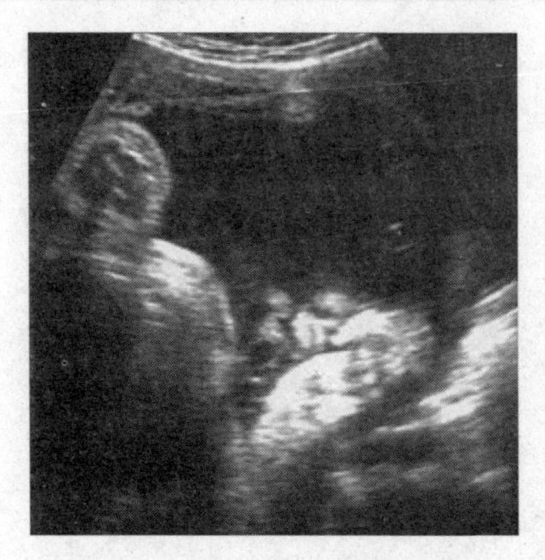

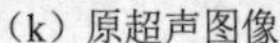

（k）原超声图像

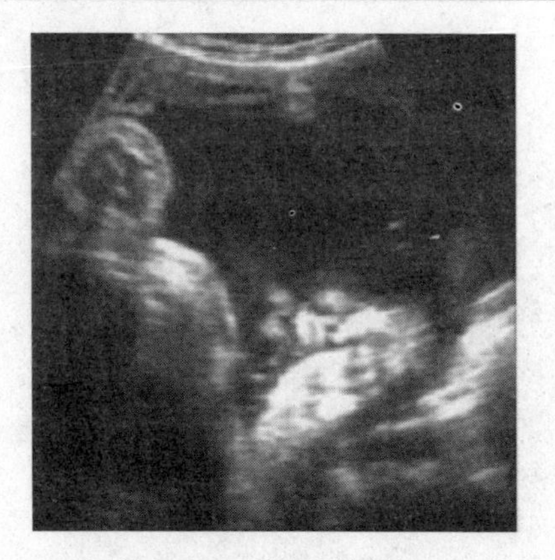

（l）sigma=0.8 高斯频域滤波

图 6.1　各滤波算法对超声图像处理的效果对比（续）

表 6.1　图 6.1 中各滤波算法处理后的图像信噪比（PSNR）比较

图像	(b)	(c)	(d)	(e)	(f)	(g)	(h)	(i)	(j)	(l)
PSNR	21.99	22.43	21.22	21.61	22.25	24.49	24.73	22.84	22.48	12.43

因为原始图像的噪声较少，从图 6.1 和表 6.1 可以看出，在对含噪的超声图像进行去噪处理时，如果采用空域滤波，中值滤波和 3×3 的高斯滤波及 3×3 的自适应维纳滤波具有处理优势，相对于其他空域滤波算法，高斯滤波和维纳滤波处理的 PSNR 较大，处理效果较好；5×5 自适应维纳滤波虽然去噪的视觉效果较好，但图像的边缘信息变得更模糊，PSNR 相对 3×3 的有所下降。从 PSNR 数值看，基于小波变换的频域滤波，取得了比较好的图像处理效果，而采用 bior3.7 母函数做分解的处理效果优于用 sym5 分解两层的小波滤波效果，这和第 4 章小波滤波的案例有些许相似。值得注意的是，虽然空域中的 3×3 的高斯滤波也取得了较好的处理效果，但是在傅里叶变换的频域下高斯滤波，即使取 sigma=0.8，处理后的图像仍然很不理想，如图 6-1（l）所示，图像模糊较为严重，PSNR 只有 12.43。故针对超声图像的去噪需要根据具体情况做算法对比，再做出合理的选择。有些学者将中值滤波与小波变换相结合，取得了将为理想的图像处理效果。

除了用 VC++实现图 6.1 的部分图像处理，还可用 MATLAB 来完成部分图像去噪。图 6.1 实现的 MATLAB 部分代码如下：

```
I=imread('原图.bmp');
J=im2double(I);
[M,N]=size(J);
%添加瑞利噪声
a=1;
```

```
    b=0.1;
    B=1;
    N_Rayl=a+b*raylrnd(B,M,N);
    J_rayl=J+N_Rayl;
    figure,imshow(J_rayl,[]);
    %频域高斯滤波
    K=fspecial('gaussian',3,0.8);
    M=imfilter(J_rayl,K);
    figure,imshow(M,[]);
    %空域维纳滤波
    noise=mat2gray(J_rayl);
    N= wiener2(noise,[3 3]);
    figure,imshow(N);
    O= wiener2(noise,[5 5]);
    figure,imshow(O);
    %用不同的母小波对图像信号进行二层的小波分解
    %使用 ddencmp 函数来计算去噪的默认阈值和熵标准
    %使用 wdencmp 函数来实现全局阈值下的进行图像降噪
    [c,s]=wavedec2(J_rayl,2,'sym5');%母小波为‘sym5’
    [thr,sorh,keepapp]=ddencmp('den','wv',J_rayl);
    [Xdenoise,cxc,lxc,perf0,perfl2]=wdencmp('gbl',c,s,'sym5',2,thr,so
rh,keepapp);
    axis normal;
    figure,imshow(Xdenoise,[])
    [c,s]=wavedec2(J_rayl,2,'bior3.7');%母小波为‘bior3.7’
    [thr,sorh,keepapp]=ddencmp('den','wv',J_rayl);
    [Xdenoise1,cxc,lxc,perf0,perfl2]=wdencmp('gbl',c,s,'bior3.7',2,th
r,sorh,keepapp);
    figure,imshow(Xdenoise1,[])
    %z 转化成灰度图像后写保存，以便后续图像处理
    Xdenoise2=mat2gray(Xdenoise);
    imwrite(Xdenoise2,'sym5.bmp');
    Xdenoise3=mat2gray(Xdenoise1);
    imwrite(Xdenoise3,'bior3.7.bmp');
    M1=mat2gray(M);
    imwrite(M1,'gaussian.bmp');
    imwrite(N,'winer3.bmp');
    imwrite(O,'winer5.bmp');
    imwrite(noise,'noise.bmp');
```

6.1.2　新型冠状病毒图像去噪和识别

1．新型冠状病毒简介

新型冠状病毒即 2019 新型冠状病毒，2020 年 1 月 12 日被世界卫生组织命名为 2019-nCoV，2020 年 2 月 11 日被国际病毒分类委员会命名为 SARS-CoV-2，该病毒引起急性呼吸道传染病——新型冠状病毒肺炎（Corona Virus Disease 2019，COVID-19）。该冠状病毒传播速度快，易感人群多，危害性极大，根据当前可用的信息和临床专业知识，老年人和患有严重基础疾病的任何年龄的人患 COVID-19 的严重疾病的风险可能更高，对幼儿和 65 岁以上老人等免疫力较弱的群体的攻击性更强，已经成为全球的一大危害，也成为世界各国亟须解决的重大难题。

新型冠状病毒感染的肺炎患者的临床表现为：以发热、乏力、干咳为主要表现，鼻塞、流涕等上呼吸道症状少见，会出现缺氧低氧状态。约半数患者多在一周后出现呼吸困难，严重者快速进展为急性呼吸窘迫综合征、脓毒症休克、难以纠正的代谢性酸中毒和出凝血功能障碍。值得注意的是，重症、危重症患者病程中可为中低热，甚至无明显发热。部分患者起病症状轻微，可无发热，多在 1 周后恢复。多数患者愈后良好，少数患者病情危重，甚至死亡。香港大学病理学临床教授约翰•尼科尔斯（John Nicholls）表示，每一个受感染的细胞都会产生数千个新的传染性病毒颗粒，这些颗粒会继续感染新的细胞。

为了更好地解决新型冠状病毒的危害问题，尽快研制出疫苗，各国以及各大学实验室陆续公布并共享了一系列病毒的基因序列信息以及电子显微镜图片信息，供各研究方向的学者研究。图 6.2 所示是 3 张 COVID-19 电镜图。

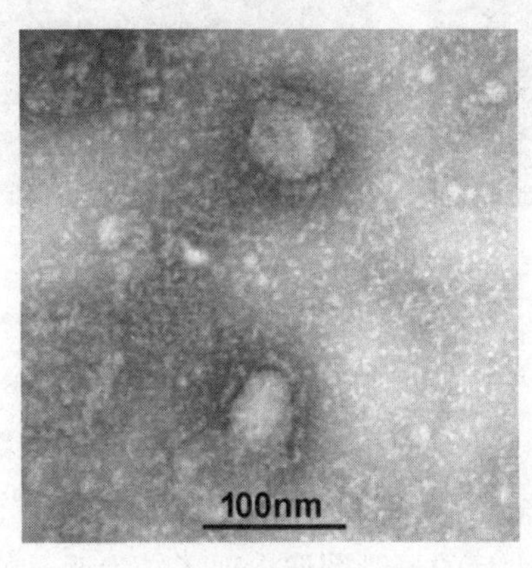

（a）电镜图 1

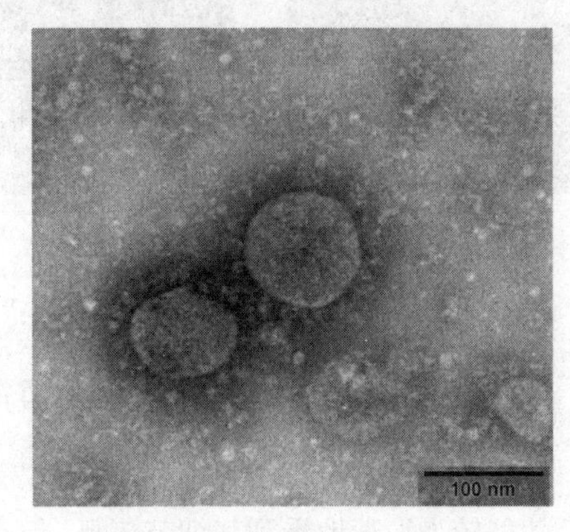

（b）电镜图 2

图 6.2　COVID-19 电镜图像

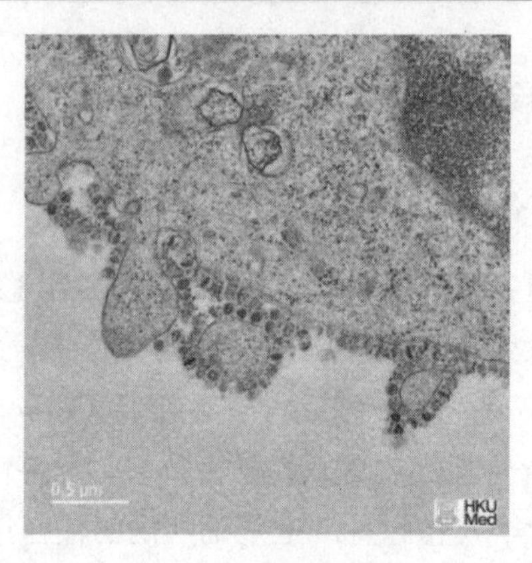

（c）电镜图 3

图 6.2　COVID-19 电镜图像（续）

图 6.3 所示是美国 NIAID 落基山实验室公布的新型冠状病毒的彩色电镜图，冠状病毒在电镜下呈球状或椭圆形，病毒上有规则排列的凸起，形似皇冠而得名冠状病毒。病毒名称 Corona 则出自拉丁语，意为“皇冠”。值得注意的是，得到的 COVID-19 图像同 MERS 病毒和 SARS 病毒看起来没有太大的区别。NIAID 研究人员表示，冠状病毒正是依靠表面的“皇冠”来附着和入侵宿主细胞的。而同时，研究人员也将这些“皇冠”作为开发治疗手段的突破口。

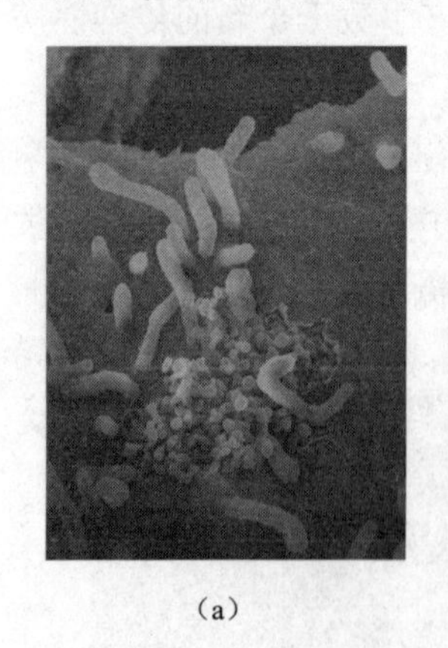
（a）

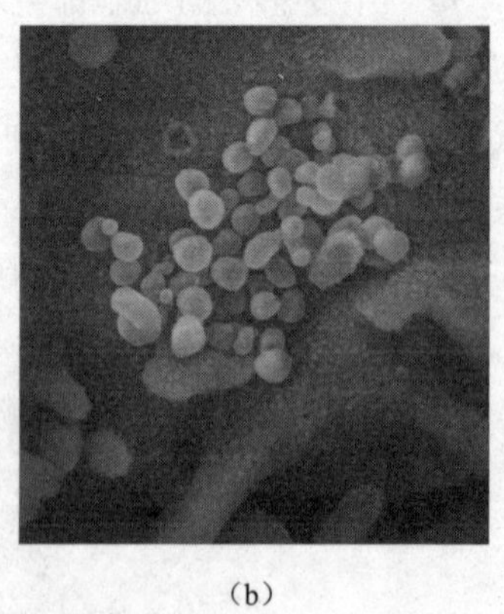
（b）

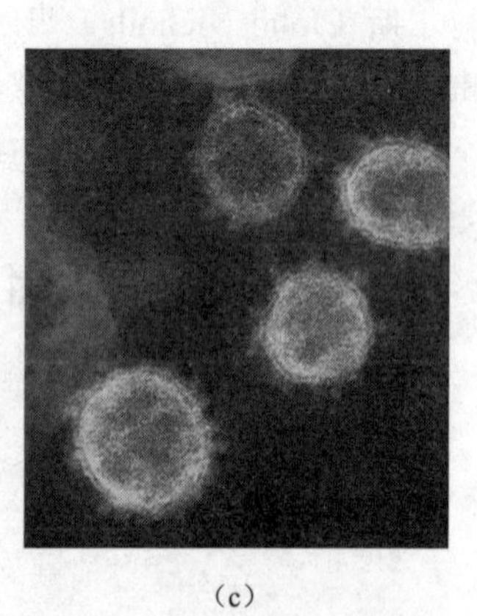
（c）

图 6.3　新型冠状病毒彩色电镜图

2．新型冠状病毒电镜图像的去噪识别

从图 6.2 和图 6.3 的图像可以看出，新型冠状病毒的显微图像在放大到一定倍数后才能较为清晰地看到其细节信息，但是放大后的显微图像出现了较为明显的电子颗粒噪声，影响了图像的细节信息的识别。

［**案例分析 6.2**］　为了更好地实现图像的去噪，现将含噪声较多的图 6.2（b）图像截为 256×256 像素大小，并转化为 8 位的灰度图［见图 6.4（a）］，根据图像特点采取适当的步骤，完成病毒细胞的图像识别。

本书以下列步骤做实验对比：

（1）对图像实施 3×3 自适应维纳滤波，得到图 6.4（b）；

（2）对图 6.4（b）做两次加法运算，得到图 6.4（c）；

（3）对图 6.4（c）进行灰度拉伸，得到图 6.4（d）；

（4）自动阈值分割得到图 6.4（e）；

（5）图像二值化，形态学滤波算法膨胀腐蚀等处理后得到图 6.4（f）。

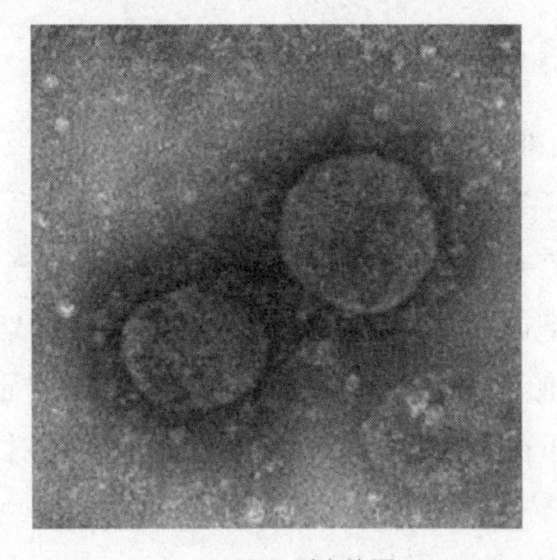

（a）原电镜图

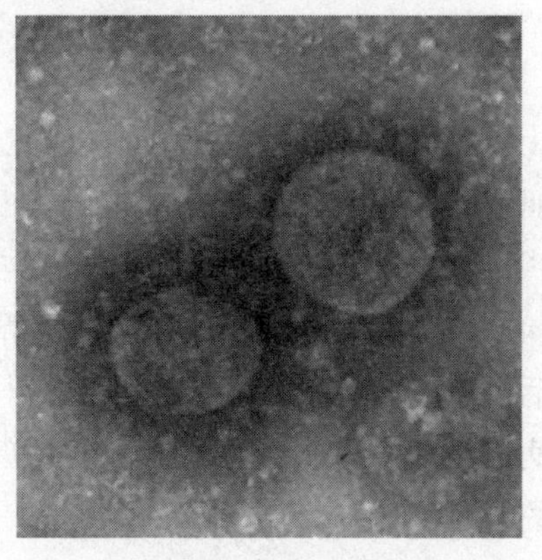

（b）3×3 自适应维纳滤波后的图像

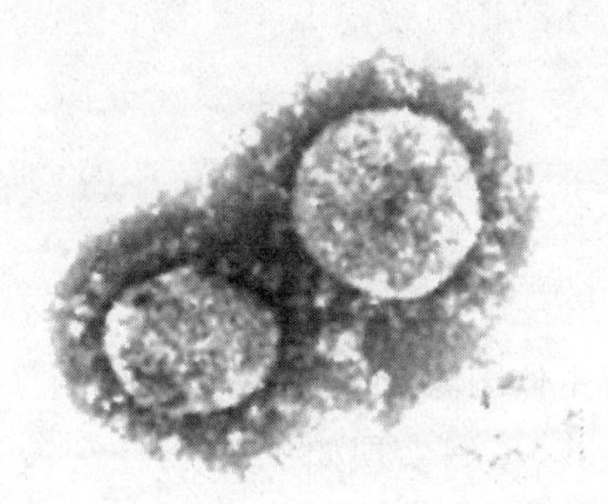

（c）两次加法运算后的图像

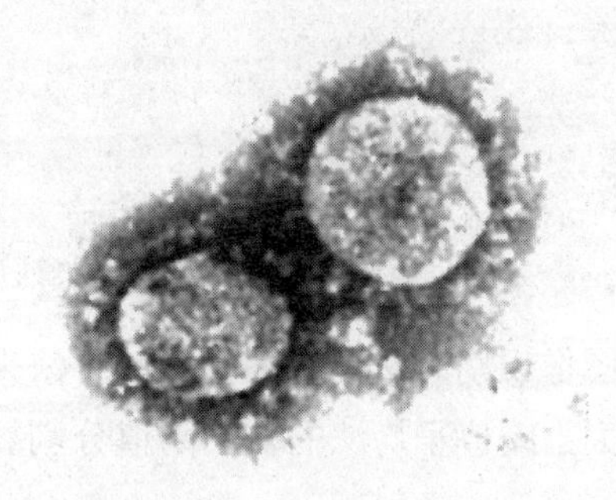

（d）灰度拉伸后的图像

图 6.4　对图 6.2（b）的识别

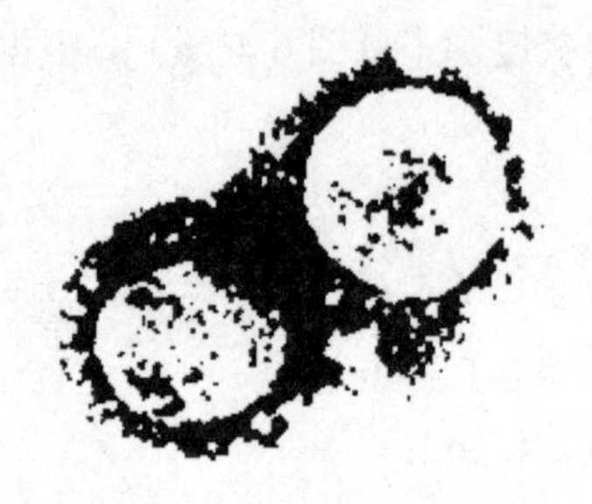

（e）阈值分割后的图像

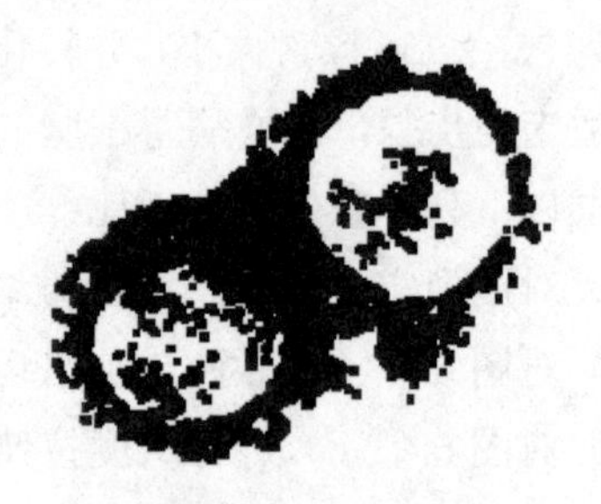

（f）形态学滤波处理后的图像

图 6.4　对图 6.2（b）的识别（续）

上述处理的步骤中，从图 6.4（c）开始能比较清楚地看到新冠状病毒图像的特点，细胞周边有比较明显的冠状须，在上述图像中呈现白点形态。维纳滤波后图像的噪声去除了一些，此处采取小波滤波或者高斯滤波也能取得一定的效果，需要多次试验，灵活选取滤波方法；加法运算是把原图像对应的像素灰度值相加的运算，相加后灰度值变大、变亮，有助于突出细胞细节，在此图像处理时效果比较显著；突出病毒细胞的算法也可以考虑小波变换下的图像融合算法，以更好地实现对病毒细胞的分割和识别。

图 6.4（d）的灰度拉伸用 MATLAB 实现的代码如下：

```
I=imread('维纳 3 电镜图两次加法.bmp');
M=stretchlim(I);
J=imadjust(I, M, [ ]);
figure
imshow(J);
imwrite(J,'维纳 3 电镜图两次加法后灰度拉伸.bmp');
```

图像识别时常需要各种分割方法来获得主体图像的特征，后续的分割算法用了两个大小阈值平均法的自动阈值分割算法，其 VC++实现如下：

```
BOOL CDib::AdaptiveThre(LPSTR lpDIBBits, LONG width, LONG height)
{
    unsigned    char    *lpDst,*lpSrc,pixel,thre,newthre,maxvalue,
minvalue,meanvalue1,meanvalue2;
    long i,j,B,hist[256],p1,p2,s1,s2;
    int times;
```

```
B=WIDTHBYTES(8*width);
LPSTR lpnewDIBBits;
HLOCAL hnewDIBBits;
hnewDIBBits=LocalAlloc(LHND,width*height);
if(hnewDIBBits==NULL)
    return FALSE;
lpnewDIBBits=(char*)LocalLock(hnewDIBBits);
memcpy(lpnewDIBBits,lpDIBBits,width*height);
for(i=0;i<256;i++)
{hist[i]=0;}
minvalue=0;maxvalue=255;
for(i=0;i<width;i++)
{
    for(j=0;j<height;j++)
    {
        lpSrc=(unsigned char*)lpDIBBits+B*j+i;
        pixel=(unsigned char)*lpSrc;
        hist[pixel]++;
        if(minvalue>pixel)
            minvalue=pixel;
        if(maxvalue<pixel)
            maxvalue=pixel;
    }
}
newthre=(minvalue+maxvalue)/2;
thre=0;
for(times=0;thre!=newthre&&times<100;times++)
{
    thre=newthre;
    p1=0;p2=0;
    s1=0;s2=0;
    for(i=minvalue;i<thre;i++)
    {
        p1+=hist[i]*i;
        s1+=hist[i];
    }
    meanvalue1=(unsigned char)(p1/s1);
    for(i=thre;i<maxvalue;i++)
```

```
        {
            p2+=hist[i]*i;
            s2+=hist[i];
        }
        if(s2!=0)
        meanvalue2=(unsigned char)(p2/s2);
        newthre=(meanvalue1+meanvalue2)/2;
    }
    for(i=0;i<width;i++)
    {
        for(j=0;j<height;j++)
        {
            lpSrc=(unsigned char*)lpDIBBits+B*j+i;
            lpDst=(unsigned char*)lpnewDIBBits+B*j+i;
            pixel=(unsigned char)*lpSrc;
            if(pixel<=thre)
                *lpDst=(unsigned char)0;
            else
                *lpDst=(unsigned char)255;
        }
    }
    memcpy(lpDIBBits,lpnewDIBBits,width*height);
LocalUnlock(hnewDIBBits);
LocalFree(hnewDIBBits);
return TRUE;
}
```

鉴于原电镜图的噪声较多，周边灰度差距不大，经过多次试验采取了上述识别方法，对于较为清晰的图像，先用本书前面介绍的滤波算法做综合处理，再做自动阈值分割便可以得到较好的处理效果。在滤波算法中，小波滤波、高斯滤波均能产生一定的抑制噪声的作用，图 6.5（a）、（b）是高斯滤波和小波频域滤波对图 6.4（a）处理后的效果图。

对于含噪声比较少的电镜图像，滤波后自动阈值分割或者加法叠加后，做形态学滤波处理，再阈值分割效果也有一定差距，图 6.6 是对图 6.2 最后一张图像的处理效果对比。

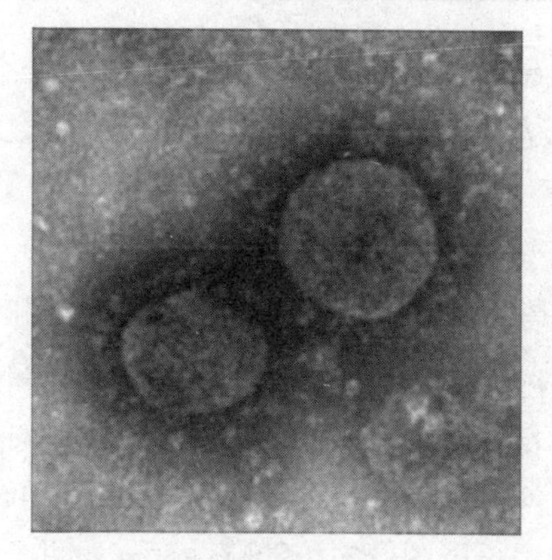

（a）高斯频域滤波

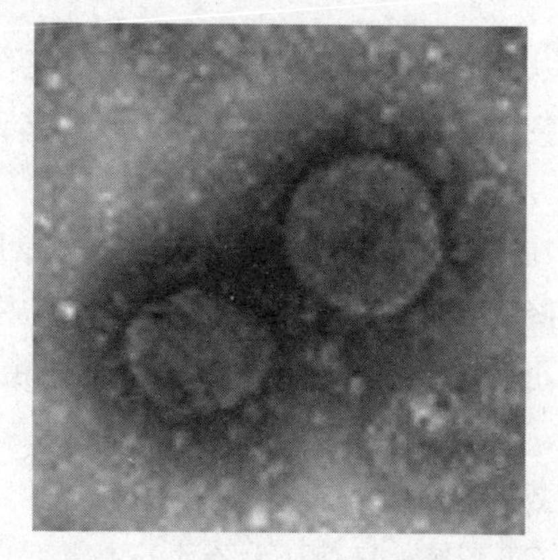

（b）sym4 母小波分解 3 级重构图

图 6.5　对图 6.4（a）的滤波效果

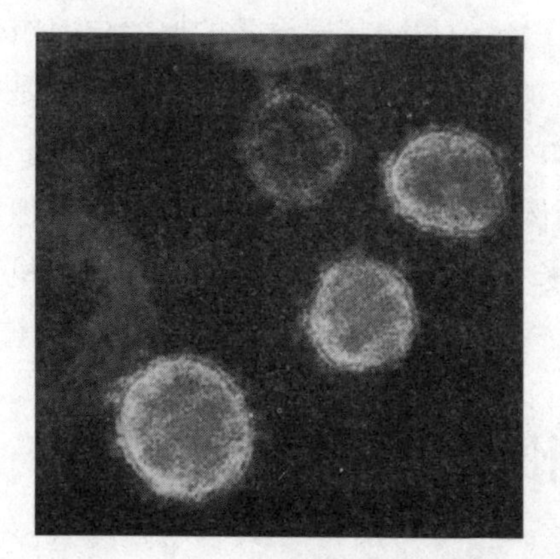

（a）原电镜图像

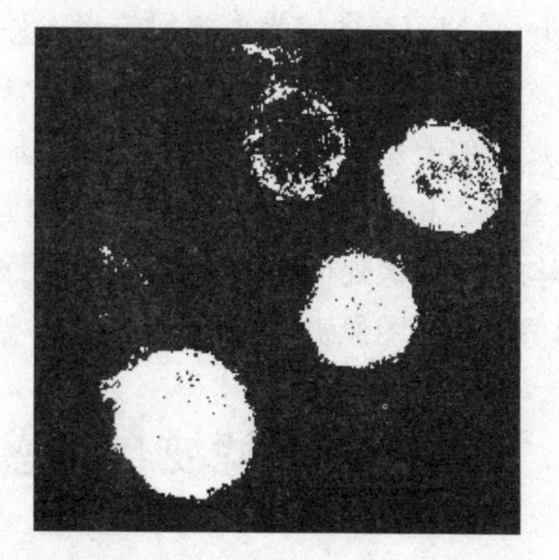

（b）直接阈值分割

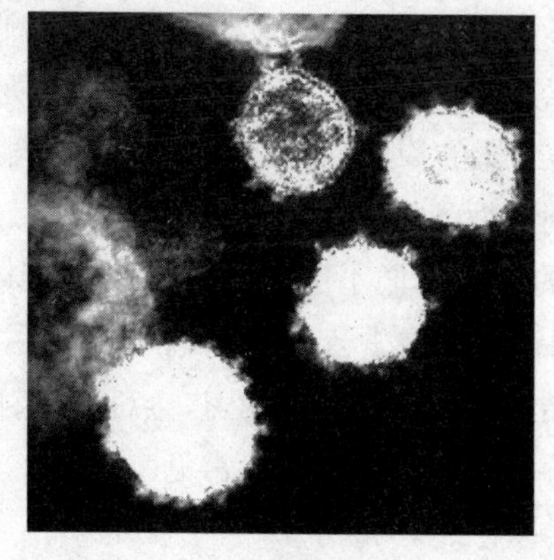

（c）加法后膨胀再分割

图 6.6　基于形态学滤波的分割算法对图 6.3（c）的识别效果

从图 6.6 看出，自动阈值分割对图像信息的保持依赖于阈值选取的大小，加法运算突出了图像的细节信息，膨胀能起到形态学滤波的作用，此处也可先做二值化处理，再用形态滤波做去噪和识别。

在医学图像处理中，滤波算法也常用于对 CT 图像和磁共振成像（MRI）图像进行降噪。医学图像中 CT 图像的噪声主要是由投影 X 射线光子密度随时间和空间的随机变化产生的随机量子噪声以及由电子测量系统的工作状态产生的热噪声引起的。当前的去噪方法有：一是滤波去噪方法，即主要用传统的低通滤波器对直接投影数据或对重构图像进行滤波，该算法简单，但是不能有效处理信噪比较低的低剂量 CT 图像；二是基于统计的方法，它利用投影图像的统计特性，分为两个主要研究方向，在投影域和重建图像域之间进行的迭代重建算法（SIIRS）和在投影域进行统计去噪并且用滤波反投影（FBP）算法重建。磁共振成像（Magnetic Resonance Imaging，MRI）图像噪声主要来自人体组织运动和磁共振设备的原始电路组件，分别被称为系统的内部噪声源和 MRI 系统的外部噪声源。信噪比（SNR）是衡量图像质量的最重要指标，而尽可能提高 SNR 也是当前核磁共振研究的方向。除了对设备系统和环境因素的要求外，MRI 图像的后续处理，是基于磁共振图像的特征和与数字图像处理相关的理论，利用滤波、结构相似度等，结合数字计算机来处理图像以提高图像质量。

6.2 滤波在遥感图像处理中的应用

遥感影像（Remote Sensing Image，RSI）是指记录各种地物电磁波大小的胶片或照片，主要分为航空影像和卫星影像。遥感图像的模糊通常表现为两个方面，一是拍摄的图像因为受到云、雾、霾的干扰，造成模糊；二是因为图像传输或者影像获取的各个环节，例如传感器的周期性偏移，或者载荷元器件间的电磁干扰等缘故产生噪声，主要表现为周期性条纹、亮线及斑点等。

图像模糊或者噪声的存在降低了图像的质量，有时甚至会完全掩盖数字图像中真正的辐射信息。针对遥感图像去云雾、去噪声的算法主要分为空间域滤波和频率域滤波方法，以基于结构相似度、深度学习、点扩散函数模型，以及小波变换、双边滤波、神经网络、分块融合等方法最为常见。

6.2.1　遥感图像去雾算法

1．大气散射模型

光线的散射是雾天图像降质的主要原因，因此，在分析雾的形成原因时，通常以分析光线散射为主而忽略其他交互作用。E. J. McCartney 在 1975 年提出了大气散射模型。在该模型中，成像器接收的一部分光来自实际场景的反射光，即衰减的反射光；另一部分来自大气中悬浮粒子散射的光，即环境光。衰减光模型描述了减弱穿过大气的反射光的过程，衰减光的强度与物体到成像仪的实际距离成反比。环境光包括太阳在其他方向上的直射光线，大地和天云的漫反射，并且成像器接收到的实际光线是这两种光线的叠加。大气散射模型描述了雾化图像的退化过程，通常表达为：

$$g(x,y)=f(x,y)t(x,y)+A(1-t(x,y)) \tag{6.2.1}$$

其中 $g(x,y)$ 是观测到的图像强度，$f(x,y)$ 是景物的光线强度，A 是远处的大气光，t 为透射率。

基于大气散射模型的除雾是从 $g(x,y)$ 恢复 $f(x,y)$，方程中的第一项 $f(x,y)t(x,y)$ 称为直接衰减项，而 $A(1-t(x,y))$ 是大气光分量。

2．Retinex 理论模型

Retinex 理论去噪的基本假设是原始图像 $G(x,y)$ 是入射图像 $F(x,y)$ 和反射图像 $\mathrm{R}(x,y)$ 的乘积，即可表示为下式的形式：

$$G(x,y)=F(x,y)R(x,y) \tag{6.2.2}$$

其中 $R(x,y)$ 取决于物体表面反射特性，该特性属于图像中物体的内在属性。$F(x,y)$ 表示入射图像，反应入射光的强度，一幅图像中像素值的动态范围与入射光强息息相关。

基于 Retinex 的图像增强的目的就是从原始图像 $G(x,y)$ 中估计出光照 $F(x,y)$，从而分解出 $R(x,y)$，消除光照不均的影响，以改善图像的视觉效果，在具体处理中，基于对数形式更吻合人眼亮度感知的特性，通常将图像转至对数域，即

$$\begin{aligned}\log[G(x,y)]&=\log[F(x,y)R(x,y)]\\&=\log[F(x,y)]+\log[R(x,y)]\end{aligned} \tag{6.2.3}$$

从而

$$\log[R(x,y)]=\log[G(x,y)]-\log[F(x,y)] \tag{6.2.4}$$

令

$$r(x,y)=\log[R(x,y)],\ g(x,y)=\log[G(x,y)],\ f(x,y)=\log[F(x,y)]$$

则

$$r(x,y)=g(x,y)-f(x,y) \tag{6.2.5}$$

对 $r(x,y)$ 作反变换，即可求出原始图像的反射分量 $R(x,y)$，通常都把该分量表示对原始图像去雾后的清晰图像的估计。Retinex 方法的核心就是估测照度 $G(x,y)$，从图像 $F(x,y)$ 中估测 $G(x,y)$ 分量，并去除 $G(x,y)$ 分量，得到原始反射分量 $R(x,y)$。

3. 遥感图像去雾方法

遥感图像去雾的方法主要是建立在图像增强或者图像复原基础上的，针对的图像为多幅序列图像或者单张图像进行处理。其中基于图像增强思想的图像去雾算法主要从图像增强角度出发，通过现有的图像增强处理方法比如局部增强、直方图均衡化、同态滤波增强、Retinex 理论模型等，对含雾图像的亮度、色度、饱和度进行调整，突出感兴趣区域的信息，抑制不感兴趣部分的信息。而基于图像复原思想的图像去雾算法主要从图像因雾降质的本质原因出发，通过建立相应的图像复原的数学物理模型，对因雾降质图像进行反演，从而获得高质图像。如利用各向异性的热传导偏微分方程去噪，大气散射模型，基于 TV 全变分模型的去噪，自适应正则化模型去噪等，这些算法将热传导偏微分方程理论应用于图像去噪中，利用热传导的性质对图像进行各向同性或各向异性的扩散处理，并且用待处理的图像作为偏微分方程的边界条件，加入正则化模型进行图像去噪。这种方法能够去除一些高频噪声，如高斯白噪声、椒盐噪声等，但是对某些噪声频率集中在图像的低频部分的云雾噪声去除效果不显著。基于小波变换的去噪能对图像进行多尺度分解，并在各个尺度上对图像进行滤波去噪，因此能对低频噪声进行滤波，被广泛研究和使用，但是对于不同的图像，其滤波阈值的选择也较困难。

针对序列图像，有学者提出非局域均值算法，利用云雾阴影部分图像帧梯度变化不明显的性质耦合了梯度分量计算权重值，利用图像帧之间的相似性引入时域冗余性进行云雾噪声去除，得到了良好的处理效果。而对于单幅图像，含雾图像的快速去雾算法基本都是在基于暗原色先验的去雾算法上进行改进的。主要的改进点主要集中在大气光值的快估计及透射率图的快速求解方面，基于 Retinex 模型加低通滤波或者多尺度分析的处理算法较多。

4. 去雾算法举例及对比分析

下面先介绍下灰度调整法去雾、直方图均衡化去雾、Retinex 模型结合高斯滤波去雾和基于百分比滤波的视觉增强去雾法的算法思想和实现过程，然后举例说明去雾效果对比。

（1）灰度调整法，通过优化灰度级来实现图像增强，可以构造出线性分段函数、二次函数等实现对图像的灰度拉伸，MATLAB 中的调整灰度级的函数为：imadjust（I，M，[]）。

该函数常和用来计算灰度图像最佳输入区间的函数 M=stretchlim(I)一起使用，以取得更好的图像处理效果。

具体操作流程如图 6.7 所示。

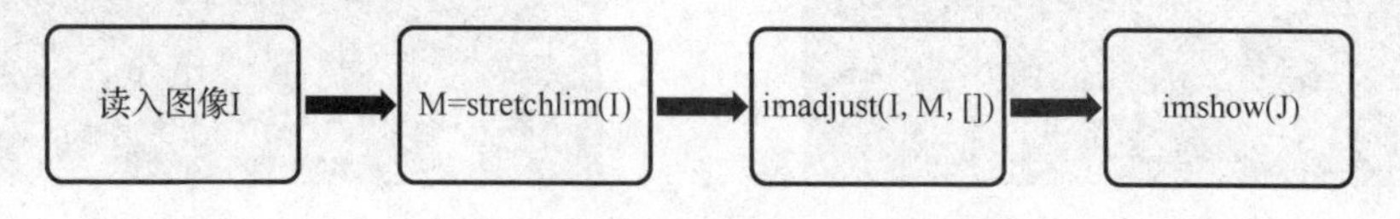

图 6.7　灰度调整法流程图

（2）直方图均衡化，又称为灰度均衡化，其处理步骤是：首先获得原图的直方图，然后利用累积分布函数对原图像的统计直方图做变换，得到新的图像灰度；接下来进行近似处理，用新灰度代替旧灰度，同时将灰度值相等或近似的每个灰度直方图合并在一起。MATLAB 中的 histeq()函数可以实现直方图均衡化处理。图 6.8 显示了原图直方图和均衡化后直方图的区别，直方图均衡化后灰度级会变得比较均衡，图像整体感觉更亮。

（3）Retinex 模型结合高斯滤波去雾，算法的思想是：

（a）经过式（6.2.3）的对数变换后，图像在傅里叶变换后的频域内，用高斯函数和原图像的傅里叶变换结果做卷积，即相当于对原图像做低通滤波（此处也可以选择其他低通滤波），得到低通滤波后的图像 $D(x,y)$，若用 $H(x,y)$ 表示高斯滤波函数，$G(x,y)$ 表示原图像，则：

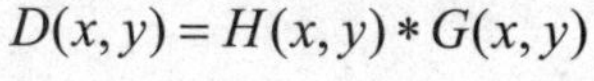

$$D(x,y)=H(x,y)*G(x,y)$$

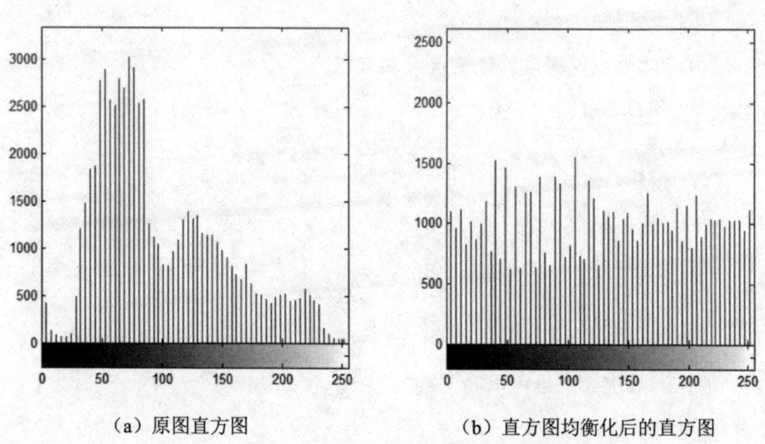

（a）原图直方图　　（b）直方图均衡化后的直方图

图 6.8　直方图均衡化后直方图和图像的变化

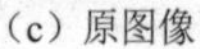
（c）原图像

（d）直方图均衡化后的图像

图 6.8　直方图均衡化后直方图和图像的变化（续）

（b）在对数域中，用原图像减去低通滤波后的图像，得到高频增强的图像：

$$C(x,y)=\log[G(x,y)]-\log[D(x,y)]$$

（c）对 $C(x,y)$ 求反函数，得到增强后的图像 $R(x,y)$：

$$R(x,y)=\mathrm{e}^{C(x,y)}$$

最后对 $R(x,y)$ 做适当的灰度增强、对比度增强，会得到更理想的输出效果。

针对 8 位灰度图像 G 的 MATLAB 核心代码如下：

```
[N1,M1]=size(G);
R0=double(G);
Rlog=log(R0+1);
% 对G进行二维傅里叶变换
Gfft2=fft2(G);
% 形成高斯滤波函数
sigma=250;%此处可以根据具体情况灵活选取
F = zeros(N1,M1);
for i=1:N1
     for j=1:M1
      F(i,j)=exp(-((i-N1/2)^2+(j-M1/2)^2)/(2*sigma*sigma));
     end
end
F = F./(sum(F(:)));
% 对高斯滤波函数进行二维傅里叶变换
Ffft=fft2(double(F));
% 对G与高斯滤波函数进行卷积运算
```

```
DR0=Gfft2.*Ffft;
DR=ifft2(DR0);
% 在对数域中，用原图像减去低通滤波后的图像，得到高频增强的图像
DRdouble=double(DR);
DRlog=log(DRdouble+1);
Rr=Rlog-DRlog;
% 取反对数，得到增强后的图像分量
Rout=exp(Rr);
```

注意：如果为彩色图像，对 3 个颜色通道的做类似处理即可。

（4）基于百分比滤波的视觉增强去雾，其基于 3.1.3 的统计排序滤波来实现的。经过多次试验，依据人眼的视觉特征，将模板下灰度值从小到大排序后，小于 a 和大于 b 的灰度值做直方图均衡化，而其他像素灰度值不变，若 a=0.382，b=0.618 可得基于黄金分割点理论的视觉增强。

［案例分析 6.3］　2013 年 4 月四川雅安地震后，某乡山体塌方造成的两条道路堵塞，从中国天气网获取到一幅相关的遥感图像，截取的部分遥感图像如图 6.9（a）所示，因为天气原因，有云雾干扰了图像的清晰度。接下来用灰度调整法去雾、直方图均衡化去雾、Retinex 模型结合高斯滤波去雾和基于百分比滤波的视觉增强去雾法实现去雾效果的对比分析，图像处理效果如图 6.9（b）～（f）所示。

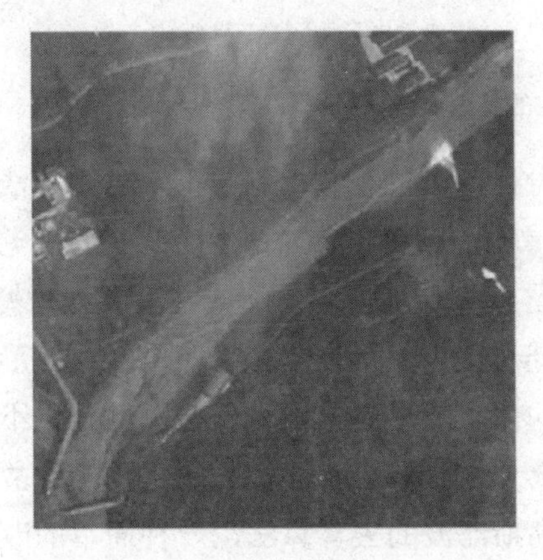

（a）原遥感图像

（b）灰度调整法去雾效果

图 6.9　几种去雾方法的比较

（c）直方图均衡化去雾效果

（d）Retinex 模型去雾效果，sigma=200

（e）Retinex 模型去雾效果，sigma=250

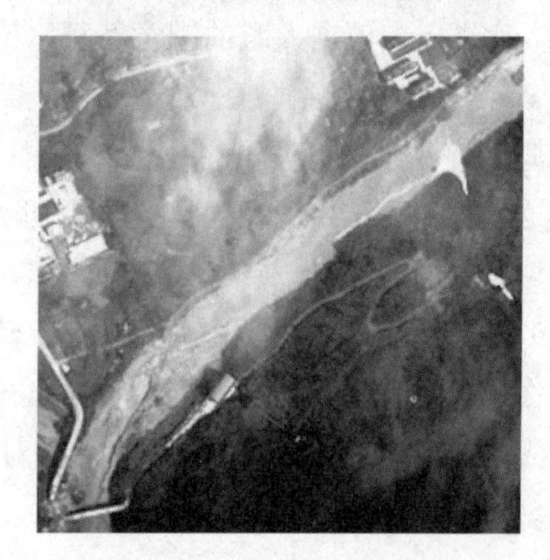

（f）百分比滤波的视觉增强去雾效果

图 6.9　几种去雾方法的比较（续）

从图 6.9 可以看出，直方图均衡化和百分比滤波的视觉增强去雾，对比较浅薄的云雾有较好的清除作用，而且能够提高图像的清晰度，而且百分比滤波的视觉增强去雾比直接用直方图均衡化更清晰，但是雾气大的地方容易造成过度曝光；灰度调整法去雾效果稍微柔和一点，有一定的去雾能力，但是也在雾气厚重的地方形成了曝光；基于 Retinex 模型和频域高斯滤波的去雾效果更为优秀一些，但是也不是很彻底，高斯滤波中标准差 sigma 的选择对雾气的清除会产生比较大的影响。故有学者提出了改进的基于 Retinex 模型和频域高斯滤波的去雾算法，一种简单的改进方法是：首先将高斯滤波构建时的 sigma 多取几个数值，然后将不同 sigma 下恢复的图像信息分量加和求平均，再反变换得最终的图像，改进的算法在一定程度提高了算法的除雾能力。

基于 Retinex 模型和高斯滤波的去雾算法对于普通雾霾景观图像，往往表现出更好地去雾效果，如图 6.10 所示是对作者实景拍摄的一幅图像进行去雾后的效果对比。

（a）原图像

（b）Retinex 模型去雾，sigma=250

（c）改进的 Retinex 模型去雾

（d）灰度调整去雾

（e）直方图均衡化去雾

（f）百分比滤波的增强去雾

图 6.10 景观图去雾比较

从图 6.10 可以看出，在景观图去雾时，基于 Retinex 模型和高斯滤波的去雾算法更能去除远方的雾，图 6.10（c）优化了 6.10（b）中灰度级的断层现象，即改进的 Retinex 模型算法处理的视觉效果更好；直方图均衡化和百分比滤波的视觉增强的处理效果一般，灰度调整去雾能够比较好地去除进出的轻度雾气，图像恢复的比较真实，但是对远处雾的处理效果一般。在具体的图像处理中，需要根据不同的图像选择不同的方法，来达到尽可能优化的处理效果。

6.2.2 遥感图像去周期噪声

从噪声的表现形式上，遥感图像的噪声可分为3类。

（1）感光片颗粒噪声

遥感图像经过曝光，传输中产生的噪声往往是颗粒噪声，通常体现为加性噪声。颗粒噪声的概率分布模型，在某种程度上类似于光电子噪声的概率模型，呈现出较为明显的泊松分布。在很多情况下泊松分布可以近似到正态分布，故高斯白噪声在大多数应用中能够作为颗粒噪声的有效模型。

（2）光电子噪声

该类型噪声的产生是受制于光统计和传感器内光电转换阶段的影响所导致的噪声。特别是在弱光照射的环境下，光电子噪声十分突出，当光照环境相对较好的时候，光电子噪声的泊松分布概率模型类似于高斯分布。

（3）周期性条纹噪声

周期性噪声一般是由于传感器的周期性偏移，或者一般产生于图像采集过程中的电气或电机的干扰，通常表现为图像中周期性的冲击或者条纹，它是一种空间相关噪声，可以看成是附加到图像上的一种纹理结构。

［案例分析 6.4］ 对遥感图像中的周期噪声进行滤波处理，并做对比分析。

解析：周期噪声一般用正弦平面波来模拟，去除方式可以考虑高斯带通带阻滤波、巴特沃斯带通滤波、理想带阻滤波、陷波带阻滤波等。下面以一张来自中国天气网的某地区的图像［如图6.11（a）所示，256×256（单位像素）大小］，用高斯带阻滤波和5.2节的改进的中值滤波算法，进行周期性噪声的模拟和去噪对比研究，图像处理效果如图6.11（b）～（j）所示。

（a）原遥感图像

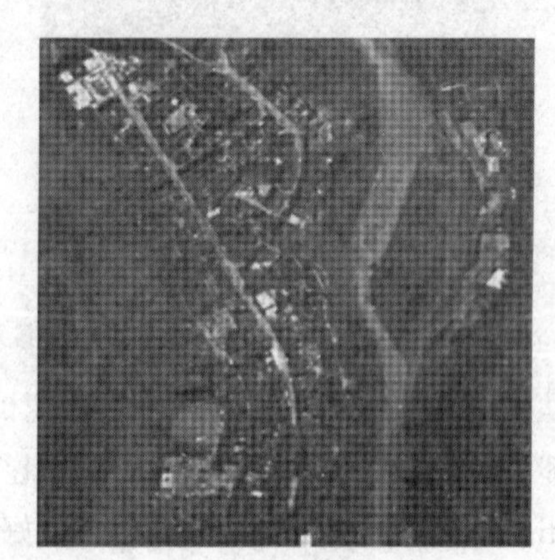

（b）含周期噪声图像

图6.11 去除遥感图像周期性噪声效果对比

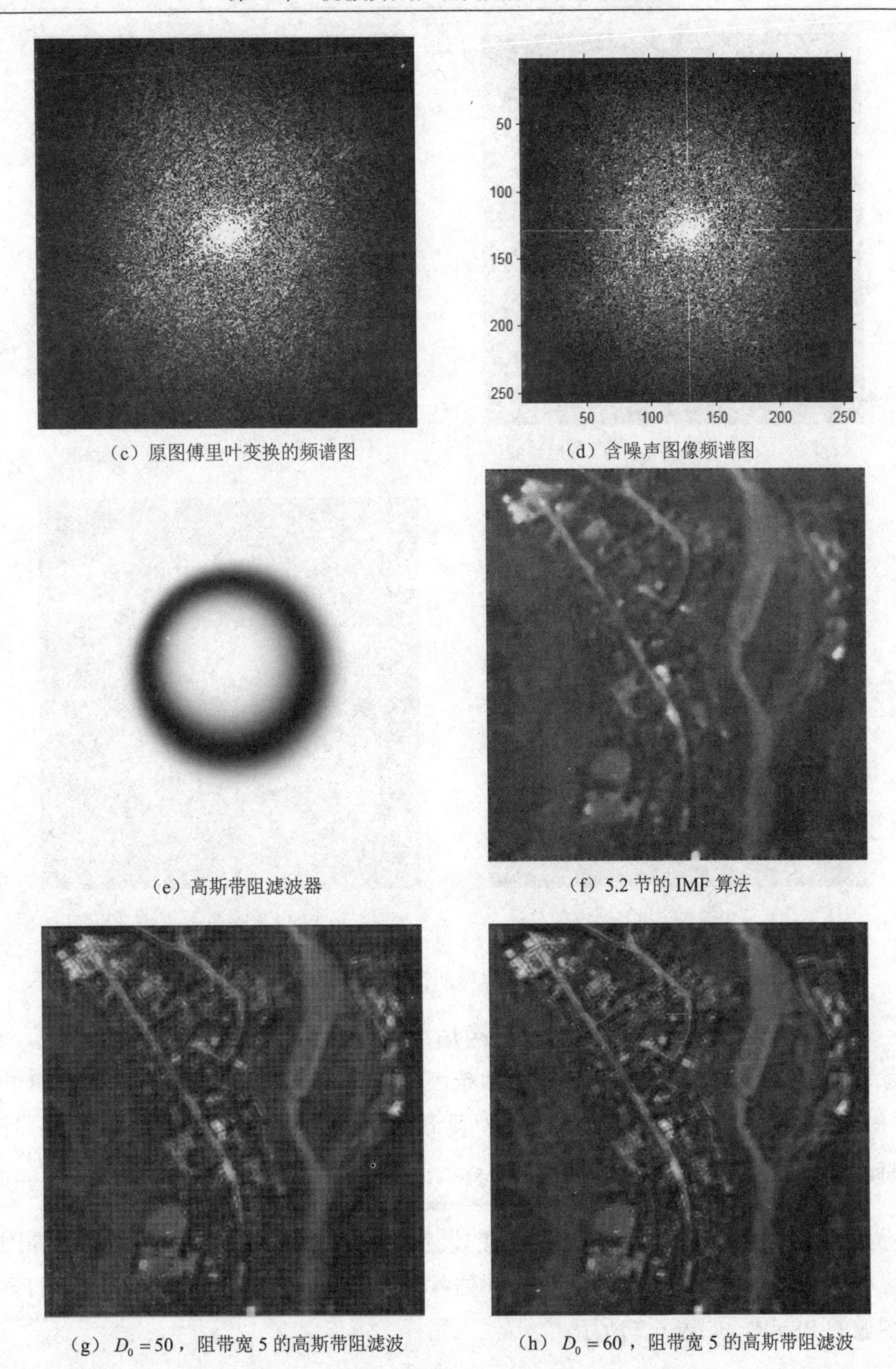

（c）原图傅里叶变换的频谱图　（d）含噪声图像频谱图

（e）高斯带阻滤波器　（f）5.2 节的 IMF 算法

（g）$D_0 = 50$，阻带宽 5 的高斯带阻滤波　（h）$D_0 = 60$，阻带宽 5 的高斯带阻滤波

图 6.11　去除遥感图像周期性噪声效果对比（续）

（i）$D_0 = 60$，阻带宽 4 的高斯带阻滤波

（j）$D_0 = 55$，阻带宽 9 的高斯带阻滤波

（k）$D_0 = 55$，阻带宽 5 的高斯带阻滤波

（l）$D_0 = 60$，阻带宽 3 的高斯带阻滤波

图 6.11　去除遥感图像周期性噪声效果对比（续）

从图 6.11 可以看到，加入周期噪声后，噪声图像的频谱图多了两条亮线，要去除周期噪声，就是要去除频域中这两条高亮度线，而亮线近似位于圆心在原点、半径为大约 60 像素的圆内，故理论上高斯带阻滤波器表达式（4.1.16）中，阻带中心频率到频率原点的距离 D_0 应该选择 55～60 的数据，阻带宽 W 选择 $\frac{R_{\max} - D_0}{2}$ 时去噪效果会比较好，但是因为图像处理的误差、不同图像的本身灰度级差异等原因，图像处理的效果呈现不一致性。为了评估各个情况下的去噪效果，计算出 6.11 中各图像的 PSNR，如表 6.2 所示。

表 6.2　图 6.11 滤波后图像的 PSNR 对比表

图像	图 6.11（d）	图 6.11（e）	图 6.11（f）	图 6.11（g）	图 6.11（h）	图 6.11（i）	图 6.11（j）
PSNR	23.66	23.69	24.08	25.68	23.32	23.16	25.68

从表 6.2 中看出，当 D_0=60，$W=3$ 时，PSNR 最大，理论上视觉效果最好，但是从图 6.11 可见，图 6.11（j）虽然看起来更清晰，但是还是有一些隐约的噪声；图 6.11（g）（D_0=60，$W=4$）的去噪声效果更好点，但是图像也变得更模糊了；5.2 节的 IMF 算法相当于是中值滤波和空域的带通带阻滤波结合的一个综合滤波器，选取式（5.2.2）中阈值 T 时，也要做合理的测定，本算法是选择了阈值 $T=60$ 得到的处理效果。

对于遥感图像中的光电子噪声和斑点噪声，基于小波阈值和小波阈值改进的算法能达到较好的处理效果，目前效果比较好的阈值选取方法是软阈值，改进的小波阈值去噪方法往往把传统小波阈值改为如下形式：

$$y_{jk}=\begin{cases}\operatorname{sgn}(x_{jk})(|x_{jk}|-at) & |x_{jk}|\geqslant t_1\\ \operatorname{sgn}(x_{jk})(t-at)(|x_{jk}|-t_0) & t_0\leqslant|x_{jk}|<t_1\\ 0 & |x_{jk}|<t_0\end{cases}$$

其中 x_{jk} 表示小波系数，y_{jk} 表示阈值化之后的小波系数，t_0,t_1 表示阈值。

该阈值函数结合了半软阈值函数和折中阈值函数的优点，加入了可调整系数 a，改进的阈值函数中下阈值通常定义为

$t_0=\text{sigma}\cdot t\cdot\text{sigma}$，$\text{sigma}\in[0,1]$

该阈值函数通过对于小波系数的判断从 3 个区间内进行阈值函数处理，在选择过程中也更加全面，提高了小波去噪的效果。但是也有一定的局限性，故进一步改进的阈值函数定义为

$$y_{jk}=\begin{cases}\operatorname{sgn}(x_{jk})(|x_{jk}|-t_1\mathrm{e}^{t_1}) & |x_{jk}|\geqslant t_1\\ \operatorname{sgn}(x_{jk})(t-at)(|x_{jk}|-t_0\mathrm{e}^{t_0}) & t_0\leqslant|x_{jk}|<t_1\\ 0 & |x_{jk}|<t_0\end{cases}$$

其中

$$\begin{cases}\dfrac{t_2}{t_1}=l\in(0,1)\\ t_2=\dfrac{median(|x_{jk}|)}{0.6745}\sqrt{2\ln(M\times N)}\end{cases}$$

M、N为图像的长和宽，x_{jk}、y_{jk}、t_0、t_1的意义同上，l取 0.25 时，对某些遥感图像，可以达到比较好的去噪效果。

图 6.12 所示是杜春梅等基于改进的小波阈值和传统阈值对遥感图像处理的效果比较，从图中可以看出改进的小波阈值算法对于此遥感图像有较好的处理效果。

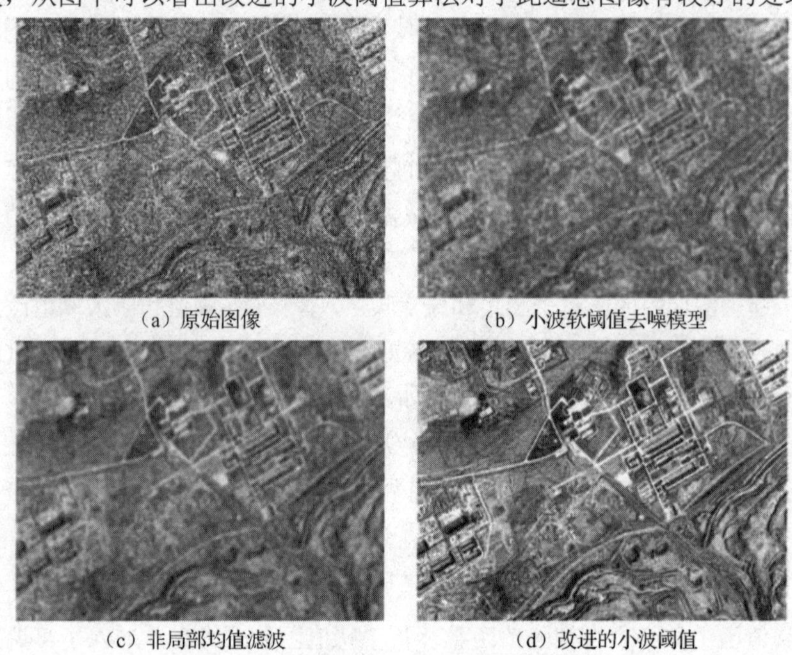

（a）原始图像　（b）小波软阈值去噪模型　（c）非局部均值滤波　（d）改进的小波阈值

图 6.12　不同小波阈值函数下遥感图像去噪效果

6.3　滤波在智慧城市交通图像处理中的应用

智慧城市（Smart City）起源于传媒领域，是指利用各种信息技术或创新概念，将城市的系统和服务打通、集成，以提升资源运用的效率，优化城市管理和服务，以及改善市民生活质量。智慧化的前期和基础是智能化，智能化是智慧城市的初级阶段，而智慧化是智能化的升华。相对于智慧化，智能化的实现是智慧城市的基础，是城市智慧化建设不可逾越的阶段。智慧城市建设以突破城市发展瓶颈、促进城市和谐发展为出发点和落脚点，所涵盖的领域遍及城市生活的方方面面，涉及城市运营管理的各个系统，如交通、安防、旅游、教育等。在智慧城市的目标分解与落地时，被落实的有智慧交通、智慧旅游、智慧医疗、智慧教育等比较大的细分领域。

“智慧城市，交通先行”，城市交通管制和交通检测的智能化是智慧城市建设的一个重要的评价指标，内容涉及对道路交通车辆的各种智能管理和检测，比如个人征信人脸识别、智能停车、无人驾驶车、汽车入库自动车牌检测识别等。智慧城市交通建设主要体现在建设高清视频监控系统、建设 GPS 监控系统、建设公交车监管系统、建设城市停车诱导管理系统、建设车联网系统，发展无人驾驶车等，这些智慧交通的建设几乎都离不开摄像头拍摄图像，通过获得的图像或者视频检测来实现交通识别和管理的智能化。智慧化城市下，对人脸、车牌的抓拍识别技术在安全防范、抓捕罪犯、查找嫌疑人，以及协助收集各类数据信息、交通管制等方面发挥着重要作用。但是摄像头在抓拍过程中，往往由于摄像头抖动、汽车或者人的运动等原因导致拍出的图像产生运动模糊，或者因为摄像头及拍摄物本身含有噪声导致抓拍的图像带有噪声、不够清晰，影响了最终的图像识别。此时需要先对图像进行去模糊、去噪声，并适当地进行图像增强，来提升图像的清晰度和辨别度。

6.3.1　运动图像和模糊算子

1．运动模糊图像的产生

在用摄像机获取景物图像时，如果在相机曝光期间景物和摄像机之间存在相对运动，例如交通十字路口的摄像头拍摄运动的汽车和行人、用照相机拍摄快速运动的物体，或者从行驶中的汽车上拍摄外面静止不动的景物时，拍得的照片都可能存在模糊的现象，这种由于相对运动造成图像模糊的现象就是运动模糊。运动模糊图像的产生可分为由相机抖动引起的模糊、物体运动导致的模糊及二者相对运动产生的模糊 3 类。

运动模糊图像的本质是存在着像素移动，如果能减小或者消除这种像移就可以抑制运动模糊的产生，采取的方法主要有减少曝光时间和建立运动图像的复原模型两种方案。减少曝光时间能够减少运动模糊的发生，但是相机的曝光时间并不可能无限制地减少，随着曝光时间减少，图像信噪比降低，图像的质量也降低，所以这种方法用途极其有限；而通过建立数学模型来解决运动模糊图像的复原问题的方法更具普遍性，这是目前研究解决运动模糊图像复原的主要手段，即图像式像移补偿法，又称软件补偿法。

运动模糊过程，通常数学建模为原清晰图像与模糊算子（又称为点扩展函数、内核）的卷积，即：

$$g(x,y)=f(x,y)*h(x,y) \tag{6.3.1}$$

其中 $h(x,y)$ 称为模糊算子、模糊核或点扩散函数，简称 PSF；“*”表示卷积；$f(x,y)$

表示原始（清晰）图像；$g(x,y)$ 表示观察到的退化图像。

在图像处理时，一般采用矩阵来离散化连续的空间，假设原始（清晰）图像用矩阵 $\boldsymbol{F}$ 表示，观察到的退化图像矩阵为 $\boldsymbol{G}$，模糊算子或点扩散函数矩阵为 $\boldsymbol{H}$，则上述卷积离散化为矩阵的乘积：

$$\boldsymbol{G}=\boldsymbol{F}\times\boldsymbol{H}=\boldsymbol{FH} \tag{6.3.2}$$

注意模糊算子的定义域是整个图像，它的矩阵元素的数量是图像像素总数的平方，因此退化图像的每个像素都可以影响其他点，任何小的变化都会导致误差。具体图像处理时，通常假设所有像素点都有共同的 PSF，将图像转换到频域后式（6.3.1）的傅里叶变换为

$$G(u,v)=F(u,v)H(u,v) \tag{6.3.3}$$

现实中有些图像既含有运动模糊，又含有某些噪声，此时的退化模型可以写为：

$$\boldsymbol{G}=\boldsymbol{FH}+\boldsymbol{N} \tag{6.3.4}$$

式中，$\boldsymbol{N}$ 为噪声，此种情况的处理比较复杂，需要考虑更多的因素来数学建模。

2．几种典型的模糊算子

运动图像去模糊技术的关键在于如何获取准确的模糊算子 PSF，但是现实中准确的 PSF 很难直接获得，通常要通过找出图像的退化原因，或者直接测出输入输出关系的观测装置，或者通过模糊图像自身来估计点扩散函数。

（1）Gauss 退化函数：

$$h(x,y)=\begin{cases}K\mathrm{e}^{-a(x^2+y^2)/2\sigma^2} & (x,y)\in C\\ 0 & \text{其他}\end{cases} \tag{6.3.5}$$

式中，K 是归一化常数，a 是一个正常数，σ^2 是方差，表示模糊程度，C 是 $h(x,y)$ 的定义域。

Gauss 退化函数是许多光学成像系统最常见的退化函数，它是光学系统衍射、像差等因素的综合结果，但是因 Gauss 函数的傅里叶变换仍是 Gauss 函数，并且没有过零点，因此 Gauss 退化函数的辨识不能利用频域过零点进行图像复原。

（2）光学系统散焦退化函数：

$$h(x,y)=\begin{cases}1/\pi R^2 & x^2+y^2\leqslant R^2\\ 0 & \text{其他}\end{cases} \tag{6.3.6}$$

式中，R 为散焦斑半径。如果退化图像的信噪比较高，则可由 $h(x,y)$ 的傅里叶变换在频域图上产生的圆形轨迹来确定 R。

光学系统散焦退化函数常用于处理离焦模糊，它是由于成像区域中存在不同深度的对象造成的图像退化。

（3）二维模糊退化函数：

$$h(x,y)=\begin{cases}\dfrac{1}{L^2} & -\dfrac{L}{2}\leqslant i,j\leqslant\dfrac{L}{2},L\text{为奇数}\\ 0 & \text{其他}\end{cases} \tag{6.3.7}$$

二维模糊也是散焦造成的图像退化的一个近似模型。同散焦模型相比，二维模糊表示了更严重的退化形式。

（4）运动模糊的退化函数

运动模糊图像的模糊程度不仅与运动的速度大小有关，与运动方向也有关。

假设相机不动，对象运动，运动分量 x,y 关于时间 t 的函数分别为 $x_0(t)$，$y_0(t)$，相机快门速度是理想的，快门开启时间（曝光）为 T，$f(x,y)$ 为一幅图像，则模糊后的图像为

$$g(x,y)=\int_0^T f[x-x_0(t),y-y_0(t)]\mathrm{d}t \tag{6.3.8}$$

将式（6.3.8）进行傅里叶变换，得

$$\begin{aligned}G(u,v)&=\iint_{-\infty}^{\infty}\int_0^T f\left[x-x_0(t),y-y_0(t)\right]\mathrm{d}t\cdot\exp\left[-\mathrm{j}2\pi(ux+vy)\right]\mathrm{d}x\cdot\mathrm{d}y\\&=\int_0^T\left\{\iint_{-\infty}^{\infty} f[x-x_0(t),y-y_0(t)]\cdot\exp[-\mathrm{j}2\pi(u(x-x_0(t),v(y-y_0(t))))]\cdot\right.\\&\quad\left.\exp[-\mathrm{j}2\pi(u,x_0(t))+v(y_0(t))]\mathrm{d}x\mathrm{d}y\right\}\mathrm{d}t\\&=\int_0^T F(u,v)\cdot\exp[-\mathrm{j}2\pi(ux_0(t))+vy_0(t)]\mathrm{d}t\\&=F(u,v)\int_0^T\exp[-\mathrm{j}2\pi(ux_0(t)+vy_0(t))]\mathrm{d}t\\&=F(u,v)\cdot H(u,v)\end{aligned} \tag{6.3.9}$$

得 $h(x,y)$ 的傅里叶变换为

$$H(u,v)=\int_0^T\exp[-\mathrm{j}2\pi(ux_0(t)+vy_0(t))]\mathrm{d}t \tag{6.3.10}$$

当图像只沿着一个方向，如 x 方向运动，移动像素个数为 a,曝光时间为 T，即此时 $x_0(t)=at/T$， $y_0(t)=0$，可得到水平方向运动模糊的数学退化模型：

$$g(x,y)=\int_0^T f[x-x_0(t),y]\mathrm{d}t=\int_0^T f[x-at/T,y]\mathrm{d}t \tag{6.3.11}$$

y 方向可以做类似推导，其他方向的退化模型可以结合适当的图像旋转或者改变坐标轴来实现。

（5）匀速直线运动模糊退化模型

根据微积分知识，变速的、非直线运动在某些条件下可以被分解为分段匀速直线运动，因此由匀速直线运动造成的图像模糊的复原问题具有普遍研究意义。由

式（6.3.8），如果模糊图像是由景物在 x 方向上做匀速直线运动造成的，则模糊后图像任意点的值为

$$g(x,y)=\int_0^T f[x-x_0(t),y]\mathrm{d}t \tag{6.3.12}$$

当图像只沿着 x 轴一个方向运动时，式（6.3.12）变化为

$$g(x,y)=\int_0^T f\left[x-\frac{at}{T},y\right]\mathrm{d}t \tag{6.3.13}$$

离散化为

$$g(x,y)=\sum_{i=0}^{L-1} f\left(x-\frac{at}{T},y\right)\Delta t \tag{6.3.14}$$

从物理现象上看，运动模糊图像实际上就是同一景物图像经过一系列的距离延迟后再叠加，最终形成的图像。如果要由一幅清晰图像模拟出水平匀速运动产生的模糊图像，可按下式计算：

$$g(x,y)=\frac{1}{L}\sum_{i=0}^{L-1} f(x-i,y)$$

其中 L 为照片上景物移动的像素个数的整数近似值，是每个像素对模糊产生影响的时间因子。

此时用卷积的方法模拟出水平方向匀速运动产生的模糊图像，其过程可表示为

$$g(x,y)=f(x,y)*h(x,y)，\quad h(x,y)=\begin{cases}\dfrac{1}{L}, & 0\leqslant x\leqslant L-1\\ 0, & \text{其他}\end{cases} \tag{6.3.15}$$

6.3.2 运动模糊图像的复原方法

运动模糊图像的复原方法主要有逆滤波法、基于最小均方误差的维纳滤波法、投影恢复法、两阶段核估计去模糊算法、Richardson-Lucy 算法、盲解卷积复原等方法。

1. 逆滤波法复原

逆滤波法对某些没有噪声的运动模糊图像有比较好的恢复效果，但是对有噪声的图像，会有放大噪声的效果。

2. 维纳滤波法复原

维纳滤波法比逆滤波法具有更好的图像恢复效果，但是要注意近似恢复公式（4.1.12），即 $\hat{F}(u,v)=\left[\dfrac{1}{H(u,v)}\dfrac{|H(u,v)^2|}{|H(u,v)^2|+K}\right]G(u,v)$ 中 K 的选择，不同的 K 对图

像复原的影响比较大。通常 K 的选择原则是噪声大，则 K 适当增加，噪声小则 K 适当减小。K 一般取值范围在 0.001 到 0.1 之间。

3．投影恢复法

将忽略噪声的退化模型写为矩阵的形式，即 $f(x,y)*h(x,y)=g(x,y)$ 变为：

$$\begin{cases} h_{11}f_1+h_{12}f_2+\cdots+h_{1m}f_m=g_1 \\ h_{21}f_1+h_{22}f_2+\cdots+h_{2m}f_m=g_2 \\ \cdots \\ h_{n1}f_1+h_{n2}f_2+\cdots+h_{nm}f_m=g_n \end{cases} \tag{6.3.16}$$

其中 $f=\{f_1,f_2,\cdots,f_n\}$，$g=\{g_1,g_2,\cdots g_n\}$ 可看作 n 维空间中的点，式（6.3.16）中的每一个方程式代表一个超平面，其初始条件取输入的模糊图像，即 $f^0=\{f_1^0,f_2^0,\cdots,f_N^0\}$，$g^0=\{g_1,g_2,\cdots g_n\}$。

式（6.3.16）的求解常用迭代法，设 f^1 是 f^0 在第 1 个超平面 $h_{11}f_1+h_{12}f_2+\cdots+h_{1m}f_m=g_1$ 上的投影，f^2 是 f^1 在第 2 个超平面 $h_{21}f_1+h_{22}f_2+\cdots+h_{2m}f_m=g_2$ 上的投影，…，记：

$$f^1=f^0-\frac{<f^0,h^1>-g_1}{<h^1,h^1>}h^1\text{，其中 } h_1=(h_{11},h_{12},\cdots,h_{1n})\text{；}$$

$$f^2=f^1-\frac{<f^1,h^2>-g_2}{<h^2,h^2>}h^2\text{，}h_2=(h_{21},h_{22},\cdots,h_{2n})\text{；}$$

$$\cdots$$

$$f^m=f^{m-1}-\frac{<f^{m-1},h^m>-g_m}{<h^m,h^m>}h^m \tag{6.3.17}$$

式中，$< >$ 表示向量求内积。

完成上面的一轮迭代后，再从第一个方程式开始进行第二次迭代，即取设 f^{m+1} 是 f^m 在第 1 个超平面 $h_{11}f_1+h_{12}f_2+\cdots+h_{1m}f_m=g_1$ 上的投影，设 f^{m+2} 是 f^{m+1} 在第 2 个超平面 $h_{21}f_1+h_{22}f_2+\cdots+h_{2m}f_m=g_2$ 上的投影……直到最后一个方程式，这就实现了第二个迭代循环。

按照上述方法依次迭代下去，便得到了一系列向量 f^0，f^1，…，f^m,…，f^{2m},…，f^{km},可以证明，对于任何给定的 n、m 和向量 f^0，f^1，…，f^m,…，f^{2m},…，f^{km} 都收敛于 f，故在具体图像处理时，可以根据具体图像选择合适的迭代次数。

4．两阶段核估计去模糊算法

该算法由香港中文大学的 Li Xu 和 Jiaya Jia 于 2010 年提出，其给出了一种新的度量来测量图像边缘在运动去模糊中的有用性，以及一种梯度选择过程方法来减轻它们可能的不利影响，基于空间先验和迭代支持检测（ISD）内核改进，进一步提出了一种高效且高质量的内核估计方法，该方法避免直接使用内核元素硬阈值而导致的强稀疏性。算法采用了 TV-1 反卷积模型，并通过新的变量替换方案对其进行了稳健的抑制，并给出了配套的去噪软件，CSDN 博主 WinstonYF 给出了程序解读，链接为：https://blog.csdn.net/WhiffeYF/java/article/details/105737964。

5. Richardson-Lucy 算法

Richardson-Lucy 算法（R-L 算法），是目前应用很广泛的图像恢复技术之一，它是一种迭代方法。R-L 算法能够按照泊松噪声来对未知噪声建模，求出给定 PSF 后，估计最有可能成为输入模糊图像的图像。当 PSF 已知，但图像噪声信息未知时，也可以使用这种恢复方法进行有效恢复。在符合泊松统计前提下，推导如下：

$$G(i)=\sum_{J}P(i\mid j)F(j)$$

其中 $F(j)$ 为未被模糊对像，$P(i\mid j)$ 为 PSF（点扩散函数），$G(i)$ 为不含噪声的模糊图像。

在 MATLAB 中，函数 deconvlucy()可以实现加速收敛的 Richardson-Lucy 算法对图像的复原，调用格式有以下几种形式：

```
J = DECONVLUCY(I,PSF,NUMIT);
J = DECONVLUCY(I,PSF,NUMIT,DAMPAR);
J = DECONVLUCY(I,PSF,NUMIT,DAMPAR,WEIGHT);
J = DECONVLUCY(I,PSF,NUMIT,DAMPAR,WEIGHT,READOUT);
J = DECONVLUCY(I,PSF,NUMIT,DAMPAR,WEIGHT,READOUT,SUBSMPL);
```

其中 I 是输入图像，PSF 为点扩散函数；NUMIT 是迭代次数（默认为 10）；DAMPAR 是一个指定的偏差阈值，默认值为 0（无阻尼）；WEIGHT 是像素的权重，默认值是输入图像 I；READOUT 是噪声矩阵，如加性噪声（例如背景噪声，前景噪声）矩阵，默认值为 0。SUBSMPL 表示子采样时间，默认为 1。

6. 盲解卷积复原法

盲解卷积复原法的最大优势是可以实现在不知道模糊图像的 PSF 的情况下，实现对图像的模糊复原，而且还可以对模糊图像的 PSF 进行估计。在 MATLAB 中，其调用函数为 deconvblind（），调用格式为：

```
[J,PSF] = DECONVBLIND(I,INITPSF,NUMIT)
[J,PSF] = DECONVBLIND(I,INITPSF,NUMIT,DAMPAR)
[J,PSF] = DECONVBLIND(I,INITPSF,NUMIT,DAMPAR,WEIGHT)
```

```
[J,PSF] = DECONVBLIND(I,INITPSF,NUMIT,DAMPAR,WEIGHT,READOUT).
```

其中输入参数 INITPSF 为对模糊图像 PSF 的估计值，通常通过 fspecial( )来获得，PSF 为实际图像处理时所用的 PSF 值，其他参数意义和 DECONVLUCY( )函数中的参数意义相同。

7．有约束最小二乘复原

有约束最小二乘复原的最大优势是除了噪声的均值和方差，不需要其他参数，且往往能获得比较好的处理效果。在 MATLAB 中调用函数为 deconvreg( )，调用格式为:

```
J=deconvreg（I，PSF，N，Range）
```

其中 I 为输入图像；PSF 为点扩散函数，即模糊算子；N 为加性噪声功率，默认为 0；Range 为长度为 2 的向量，算法会在 Range 范围内寻找最佳拉格朗日乘数，默认值为[1e-9,1e9]。通常情况下在 Range 为标量时，采用 Range 值作为拉格朗日乘数值。

注意以上函数的模糊算子函数 PSF 在 MATLAB 中通常用 fspecial()函数来获取，调用格式为 PSF=fspecial（type）,type 可取'average' , 'disk', 'gaussian' , 'laplacian', 'log', 'motion','prewitt', 'sobel' ,'unsharp'。处理运动模糊图像时，点扩散函数 PSF 的参数取值通常取'gaussian'或者'motion'。

图 6.13 所示是分别用维纳滤波法、投影恢复法对含有水平运动的 Lena 图像的复原效果。

（a）Lena 原图

（b）含水平运动模糊的图像

图 6.13　不同复原方法下运动模糊图像去噪效果

（c）维纳滤波法复原效果

（d）投影法复原效果

图 6.13 不同复原方法下运动模糊图像去噪效果（续）

从图 6.13 可以看出，两种方法都呈现出比较明显的“振铃效应”，为了减少此现象的发生，可以在算法中加入消减“振铃效应”的函数代码，MATLAB 中的 edgetaper()函数有一定的消减“振铃效应”的效果。或者通过其他的方法优化算法，以达到去“振铃效应”的目的。两阶段核估计去模糊算法，就在算法中嵌入了消减“振铃效应”的程序，提升了去模糊的健壮性。

［案例分析 6.5］ 道路中采集的运动模糊的骑车人像复原。

从百度图库中下载的一张找不到原图的运动模糊图像，如图 6.14（a）所示，现通过几种方法实现对该图像进行复原，并加以比较。

（a）含运动模糊的图像

（b）维纳滤波复原效果

图 6.14 生活中运动模糊图像去噪效果

（c）盲卷积迭代 20 次（运动模糊核）

（d）盲卷积迭代 20 次（高斯模糊核）

（e）盲卷积迭代 10 次（高斯模糊核）

（f）盲卷积迭代 10 次（运动模糊核）

（g）R-L 算法迭代 5 次

（h）R-L 算法迭代 10 次

图 6.14　生活中运动模糊图像去噪效果（续）

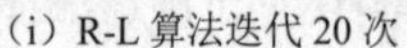

（i）R-L 算法迭代 20 次

（j）两核估计去模糊算法

图 6.14　生活中运动模糊图像去噪效果（续）

从图 6.14 看出，不同的去模糊方法图像处理的差别比较大，即使同一种算法，不同的迭代次数或者选择了不同的 PSF 也会影响处理效果。如果有原始图像，人为添加运动模糊的图像，往往可以反推测出模糊的原因和方向及噪声的特点，从而实现更有针对性地去噪、去模糊。但是实际生活中的图像，往往很难找到清晰的原图，也比较难以判断图像模糊的原因，这时候需要研究模糊图像像素的相关性或者通过不断试验找规律来判断噪声和模糊的特点，给出估计的 PSF。在本案例的处理中，运动模糊核 fspecial('motion',5,1)（表示运动像素为 21 个，运动角度为 5 度）和高斯模糊核 fspecial('gaussian',7,10)的参数是经过不断试验获取的，通过图像处理的视觉效果可以看出，盲卷积迭代 10 次（运动模糊核）、R-L 算法迭代 5 次和两核估计去模糊算法的“振铃效应”比较弱，其他处理方式都出现了比较明显的振铃效应，两核估计去模糊算法因为加入了抑制“振铃效应”的函数，所以图像复原的效果最为清晰。运动模糊的算法、模糊算子的选择、迭代次数的设定等不同的图像往往需求也不同，需要具体图像具体分析。

图 6.14 实现的部分 MATLAB 代码如下：

```
I = imread('zixingche.bmp');
K=im2double(I);
PSF1=fspecial('motion',5,1);
PSF2= fspecial('gaussian',7,10);
V = .0001;
% 复原权值
Weight = zeros(size(I));
Weight(5:end-4,5:end-4) = 1;
```

```
% 盲去卷积复原点扩展函数的估计值
InitPSF1 = ones(size(PSF1));
InitPSF2 = ones(size(PSF2));
%用盲去卷积法实现图像复原
[J1 P] = deconvblind(K,InitPSF1,20,10*sqrt(V),Weight);
[J2 P] = deconvblind(K,InitPSF2,10,10*sqrt(V),Weight);
[J3 P] = deconvblind(K,InitPSF1,10,10*sqrt(V),Weight);
% 使用 Lucy-Richardson 算法对图像复原
PSF=PSF1;
Dampar=0.001;
LIM=ceil(size(PSF,1)/2);
Weight=zeros(size(I));
Weight(LIM+1:end-LIM,LIM+1:end-LIM)=1;
% 迭代次数为 5
NumIt=5;
% 利用 deconvlucy 来实现复原
J1=deconvlucy(K,PSF,NumIt,Dampar,Weight);
% 迭代次数为 10
NumIt=10;
J2=deconvlucy(K,PSF,NumIt,Dampar,Weight);
% 迭代次数为 20
NumIt=20;
J3=deconvlucy(K,PSF,NumIt,Dampar,Weight);
%显示盲去卷积复原后的图像
figure,
subplot(221);
imshow(I);
title('退化图像');
subplot(222);
imshow(J1);
title('盲去卷积复原结果 motion20');
subplot(223);
imshow(J2);
title('盲去卷积复原结果 gaussian10');
subplot(224);imshow(J3);
title('盲去卷积复原结果 motion10');
```

```
% Lucy-Richardson 算法对图像复原后显示图像
figure
subplot(231);
imshow(I);
title('原图')
subplot(232);
imshow(K,[]);
title('退化图像')
subplot(233);
imshow(J1);
title('迭代 5 次')
subplot(234)
imshow(J2);
title('迭代 10 次')
subplot(235);
imshow(J3);
title('迭代 20 次')
```

6.3.3 运动模糊的汽车图像识别案例

［**案例分析 6.6**］ 汽车运动模糊后的图像复原。

图 6.15（a）是运动模糊的汽车图像，图像有水平运动和角度抖动产生的模糊痕迹，导致车身模糊，车牌看不清楚。现通过 R-L 算法、盲卷积迭代复原、维纳滤波、最小约束滤波复原，效果如图 6.15（c）～（j）所示。

（a）运动模糊图像

（b）清晰图像

图 6.15 运动模糊的汽车图像复原

（c）R-L 算法迭代 50 次

（d）R-L 算法迭代 60 次

（e）R-L 算法迭代 80 次

（f）R-L 算法迭代 100 次

（g）盲卷积迭代 5 次

（h）盲卷积迭代 10 次

图 6.15　运动模糊的汽车图像复原（续）

（i）维纳滤波复原

（j）最小约束滤波复原

图 6.15　运动模糊的汽车图像复原（续）

从图 6.15 可以看出，维纳滤波、最小约束滤波及 R-L 算法迭代到 80 次和 100 次时，图像恢复的效果较好，能看到比较清楚的车牌信息。预估计的 PSF 对模糊图像的复原非常灵敏，上面例子中 PSF 改变一点，去模糊算法中的参数和迭代次数都要做相应的变化，来找寻最优化的去噪效果。在已有清晰图像的情况下，可以通过像素的相关性，模糊图像与原图像的关系推测估计图像复原所用的 PSF，还要选择合适的方法和迭代次数。如无论迭代多少次，案例 6.5 中盲卷积法复原的效果都很一般，但是盲卷积算法在案例 6.6 图像复原时表现出了良好的自适应性。

有时候某些运动模糊的图像中本身含有噪声，或者在模糊的过程中产生了噪声，这时候需要在复原函数中加入对噪声抑制的函数，来去噪和复原。

图 6.15 中复原的比较清晰的几张图像的 PSNR 值如表 6.3 所示。

表 6.3　图 6.15 中部分图像的 PSNR 值

图像	图 6.15（c）	图 6.15（d）	图 6.15（e）	图 6.15（f）	图 6.15（i）	图 6.15（j）
PSNR	29.81	30	29.8	29.43	28.7	30.5

通常情况下，图像 PSNR 越大视觉效果越好，但从表 6.3 看出，运动模糊复原后个别图像虽然 PSNR 较大，但是看上去视觉效果不是最好，如图 6.15（f）和图 6.15（i）的 PSNR 小于图 6.15（d）的，但是看上去车牌更清晰，出现这个情况的原因主要是图像结构造成的视觉感官误差，大部分读者看到图像往往首先关注的是车牌是不是清晰，而忽略了整体的图像结构是否变形较小。无参照图像的模糊图像复原后，质量评价标准往往采用灰度平均梯度值法和拉普拉斯算子和法［见 1.4.9 节和 1.4.10 节］。

图 6.15 实现的 MATLAB 代码如下：

```
I = imread('运动模糊 car.bmp');
J=im2double(I);
%点扩散函数
PSF=fspecial('motion',20,5);
%R-L 算法去复原
K1=deconvlucy(J,PSF,50);
K2=deconvlucy(J,PSF,60);
K3=deconvlucy(J,PSF,80);
K4=deconvlucy(J,PSF,100);
figure,subplot(121);imshow(K1);subplot(122);imshow(K2);
figure,subplot(121);imshow(K3);subplot(122);imshow(K4);
%维纳滤波和最小约束二乘法复原
K5=deconvwnr(J,PSF,0.0001);
K6=deconvreg(J,PSF,0.0001,[1e-7,1e7]);
figure,subplot(121);imshow(K5);subplot(122);imshow(K6);
%盲卷积去运动复原
INITPSF=ones(size(PSF));
[K7,PSF]=deconvblind(J,INITPSF,5);
[K8,PSF]=deconvblind(J,INITPSF,10);
figure,subplot(121);imshow(K7);subplot(122);imshow(K8);
```

运动模糊的图像往往会因为图像本身或者复原的过程中产生了一定程度的噪声，故图像处理时可以加入适当的噪声参数或者去噪函数来优化图像复原的效果。现在用维纳滤波复原时，加入修正噪声的 NSR 参数为 0.0001，再执行维纳滤波，则处理后的图像如图 6.16（a）所示，此时图像的 PSNR 为 29.05。经过比较发现此时图像分割和对车牌的识别能力优于最小约束滤波复原的结果。

（a）维纳滤波去噪复原

（b）维纳去噪后阈值分割效果

图 6.16　对运动模糊汽车的车牌分割识别

（c）图像的边界跟踪

（d）最小约束滤波后阈值分割边界跟踪

图 6.16　对运动模糊汽车的车牌分割识别（续）

关于运动模糊图像的复原需要把握两个基本信息，即退化函数和噪声信息是否已知，在已知退化参数的条件下进行复原的，往往更容易获得清晰的图像。但是实际应用中存在很多未知退化参数的情况，这就需要对退化参数进行估计或者利用盲反卷积的方法进行复原。这里面涉及一些关键技术，如自相关方法匀速直线运动模糊参数估计方法、基于方向微分的模糊方向鉴别方法、基于总变分最小化方法模糊图像盲复原方法等。而运动模糊图像复原时，“振铃效应”的消减也是一个重要的研究要点，目前最优窗法、循环边界法等在图像复原时能够抑制“振铃效应”的发生。

在 GPS、北斗导航、高清摄像头的各种应用等越来越普及的情况行下，数字图像的采集和精准处理在智慧城市建设中发挥着越来越重要的作用，而由设备抖动和物体运动导致的运动模糊复原越来越受到相关部门和学者的重视，如更精确的人脸识别、更智能的交通安全监控体系等，这方面还有很多问题和技术需要研究解决。

6.4　本章小结

本章介绍了综合的滤波算法在现代图像处理中的应用，首先介绍了医学超声图像以及超声图像的噪声模型，然后介绍了超声图像的去噪方法，通过小波滤波、高斯滤波等对比实现了对胎儿兔唇检测的超声图像的去噪增强处理；利用图像融合和滤波辅助处理的方式实现了对新型冠状病毒图像的去噪和分割识别。接下来介绍了综合的滤波算法在遥感图像处理中的应用，包括去雾的理论模型、遥感图像去雾、现实中拍摄的雾天图像的去雾等实例，后面介绍了用带阻滤波去除遥感图像周期噪声的案例。最后介绍智慧城市交通图像中运动模糊图像的去噪增强方法及 PSF 的种类，举例说明了对运动模糊的人像、运动模糊的汽车图像复原的效果，并对运动模糊图像的汽车牌照实现了分割和识别。

第 7 章　图像滤波的研究趋势分析

7.1　基于中国知网的学术关注度指数分析

用发表文章的数量来代表学术指数，从中国知网查询“图像滤波”的学术指数，如图 7.1 所示。从图上的变动曲线可以看出，图像滤波相关的学术关注度和研究论文的数量在 2005 年之前变化比较平稳；自 2010 年开始，国内对该方向的关注度有了较大提升，发文数量和引文数量明显增加。

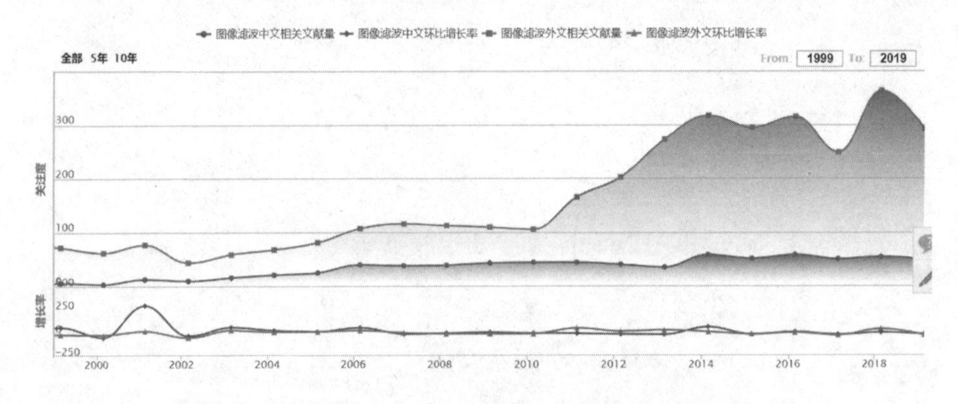

图 7.1　近 20 年图像滤波的中外文文章关注度指数图

这主要源于 2008 年 11 月 IBM 公司提出了“智慧地球”的理念，引起了美国和全球的关注，”智慧城市”是“智慧地球”从理念到实际、落地中国的举措，2009 年，南京、沈阳、成都、昆山等国内许多城市已经与 IBM 进行了战略合作。同年，中国人工智能学会牵头组织，向国家学位委员会和教育部提出设置“智能科学与技术”学位授权一级学科的建议，建议在中国学位体系中增设智能科学与技术博士和硕士学位授权一级学科。这个建议对中国人工智能学科建设具有十分深远的意义。2010 年世博会在中国上海召开，大会寻求可持续的城市发展理念，展示实践和创新技术，促进了人工智能的交流与发展。2017 年，人工智能上升为中国国家发展战略，这又一次极大地促进了图像处理与机器视觉等的发展，也激发了更多的科研人员投入图像滤波、图像增强、图像识别等工作，以更好地服务于人脸识别、摄像头监控、GPS、北斗导航数据分析等，如图 7.2 所示是 2017 年和 2018 年“图像滤波”学术指数的具体变动情况。

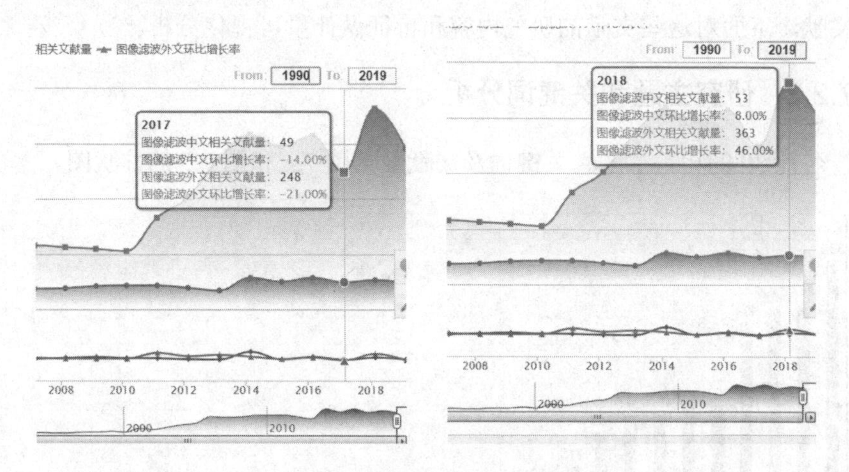

图 7.2　2017 年和 2018 年图像滤波知网学术指数波动细节图

从图 7.2 可以看出，学术研究在保持其自身研究平稳性的同时，受到政策的影响、时代发展的影响也比较大。

7.2　对中国知网文献的计量可视化分析

7.2.1　发文数量分析

以图像滤波作为关键词，按照发表时间排序进行搜索，自 1980 年以来，图像滤波相关主题的发文量呈现逐年增长的态势，进入 21 世纪后，发文量增长率明显提高，从图 7.3 的曲线估计 2020 年的发文量会超 691 篇。

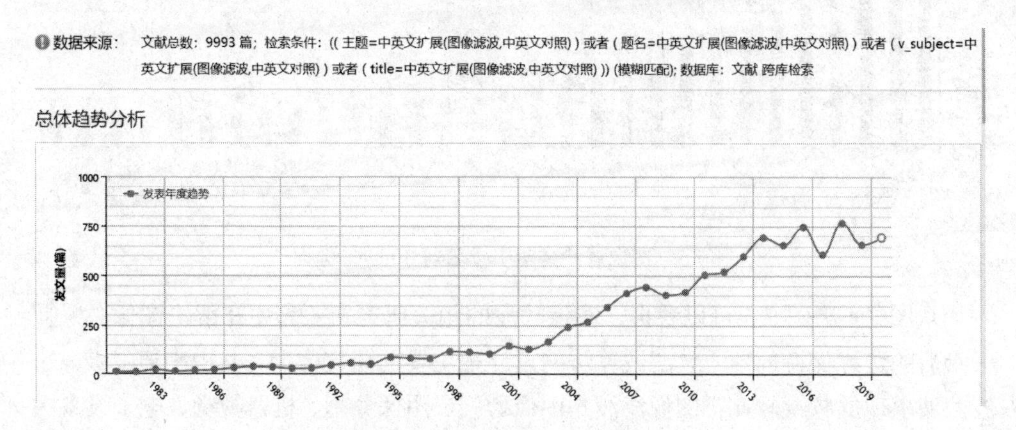

图 7.3　图像滤波的发文量分析

截至 2020 年 5 月 18 日，以“图像滤波”为主题在中国知网搜索到的 4817 篇中文文献，下面对这些文献的研究内容和特征做计量可视化分析。

7.2.2 研究主题和关键词分析

排名前 30 的相关主题、关键词及文献数见图 7.4 和图 7.5 的柱状图。

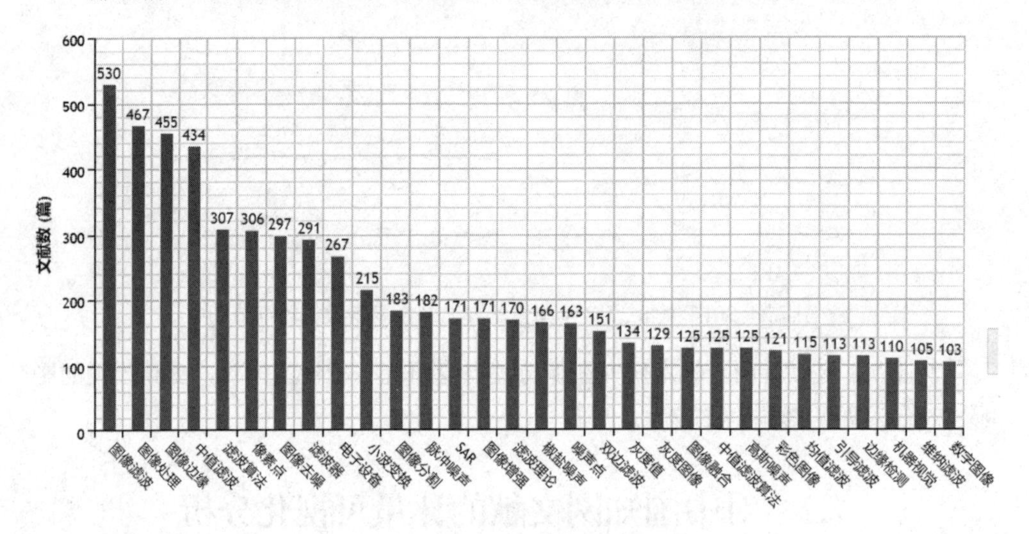

图 7.4 图像滤波文献中前 30 个主题分布

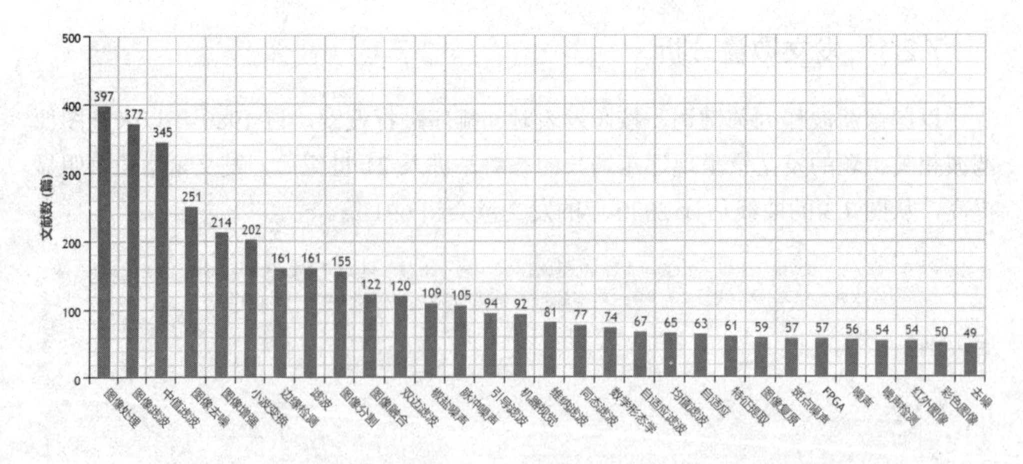

图 7.5 图像滤波文献中排名前 30 的关键词

从图 7.4 和图 7.5 可以看出，图像滤波的相关研究主要集中在解决图像去噪及去噪后的边缘保持问题上，滤波算法的设计是主要的研究方向，其中中值滤波、小波滤波出现的频次较高；图像滤波与图像增强、图像分割、机器视觉、电子设备关联密切，图像滤波在 SAR、 FPGA、红外图像上应用较多。

进一步进行关键词共现网络分析（见图 7.6），发现关键词共现集中度排前十位的分别为：图像边缘、图像滤波、滤波算法、图像去噪、高斯滤波、均值滤波、边缘检测、SAR、图像分割、双边滤波。从关键词共现网络图看出，滤波算法的研究趋势是去噪的同时尽量保持边缘信息，服务于图像分割和图像识别。

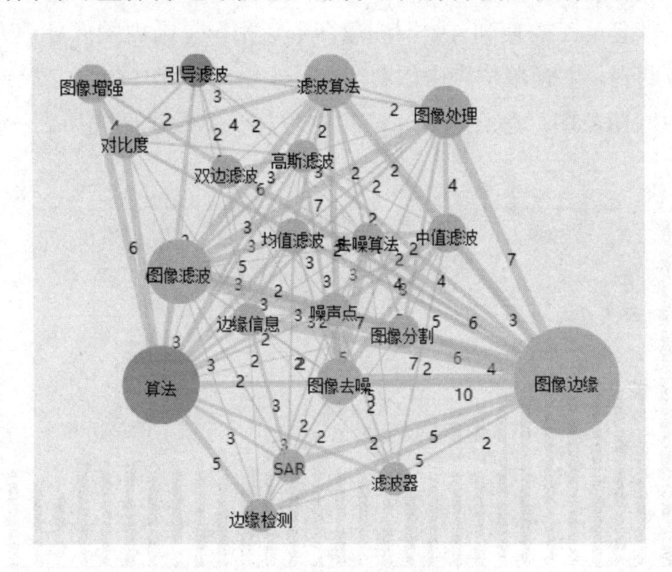

图 7.6　关键词共现网络分析图

7.2.3　期刊和机构来源分析

文献来源排名前 20 的国内核心期刊以及发表的相关文献数如图 7.7 所示。

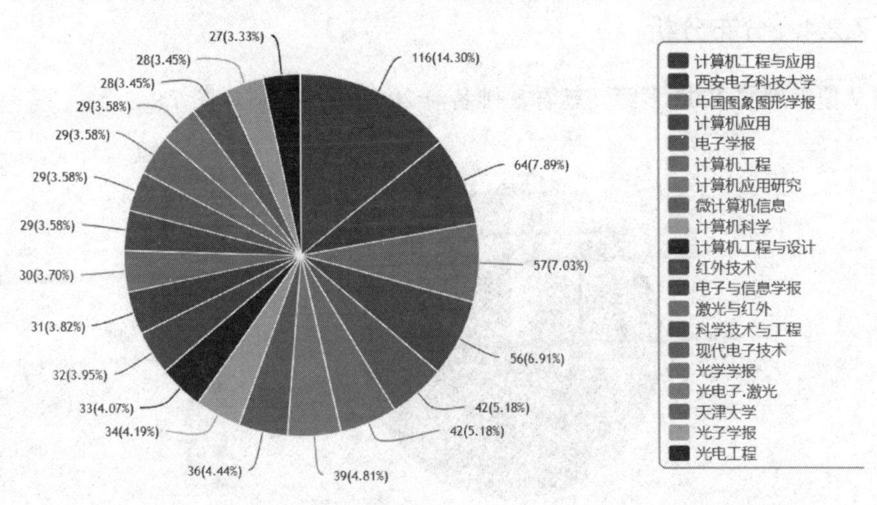

图 7.7　文献来源排名前 20 的国内期刊

从图 7.7 可以看出，发文数排第一名的是《计算机工程与应用》，该期刊为北大核心期刊，旬刊，一年刊发期数多，论文审稿和见刊速度较快；排名第二的是《西安电子科技大学学报》。从文献机构的分布来看（见图 7.8），西安电子科技大学的发文数最多，这说明西安电子科技大学的教师和学生在图像滤波的相关方向上做了更多的研究。排名第三的期刊《中国图象图形学报》是国内图像处理方向的专业期刊，国家一级期刊，主管单位为中国科学院，主办单位是中国科学院遥感与数字地球研究所、中国图象图形学会、北京应用物理与计算数学研究所。

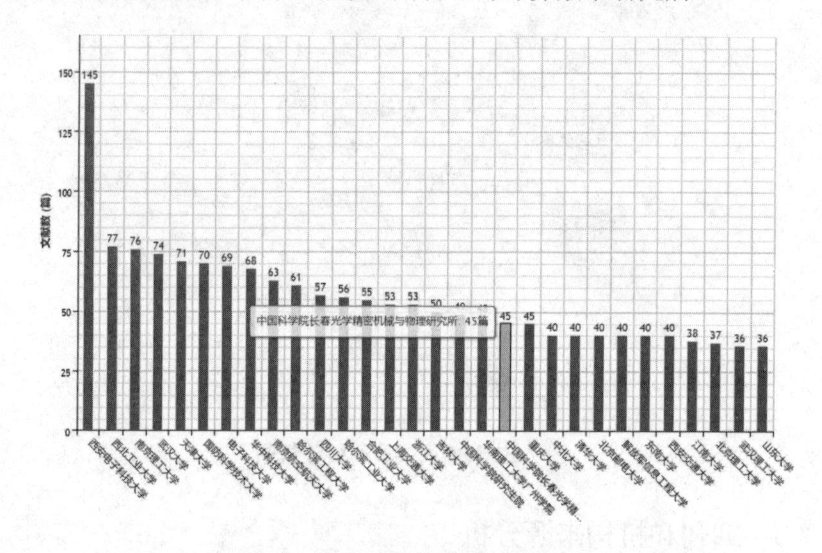

图 7.8　文献来源排名前 30 的机构

7.2.4　分布分析

从搜索到的 4000 多篇文献看，排名前 20 的所涉学科如图 7.9 所示。

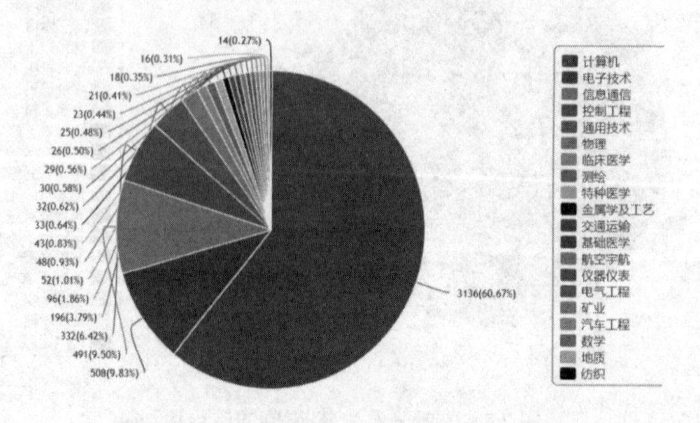

图 7.9　文献中排名前 20 的所涉学科分布

从图 7.9 中可以看出，有关图像滤波的研究从最初的计算机信号处理、应用数学，已经拓展到测绘、临床医学、交通运输、矿业等多种学科，图像滤波所涉及的边缘学科和应用越来越广泛。

2020 年 5 月 18 日，在知网按时间排序选择最近的 200 篇文献，（论文发表时间集中在 2019 年 6 月和 2020 年 5 月），继续对最新的 200 篇文献从资源类型、学科分布、来源、基金支持进行分析（见图 7.10）发现，80%多的文献属于期刊论文，硕博士学位论文占 13%；大部分文献的学科属性属于信息科技类，占 57.8%，工程科技类占 22.5%，研究的方向有向医药卫生、农业科技方面发展的倾向；一半多的文献没有任何基金支持，被基金支持的文献中，国家自然科学基金占比最高，达 27.3%；发表的刊物中，北大核心期刊篇数占比比较高的杂志是《计算机工程与应用》和《计算机应用与软件》，各有 4 篇。

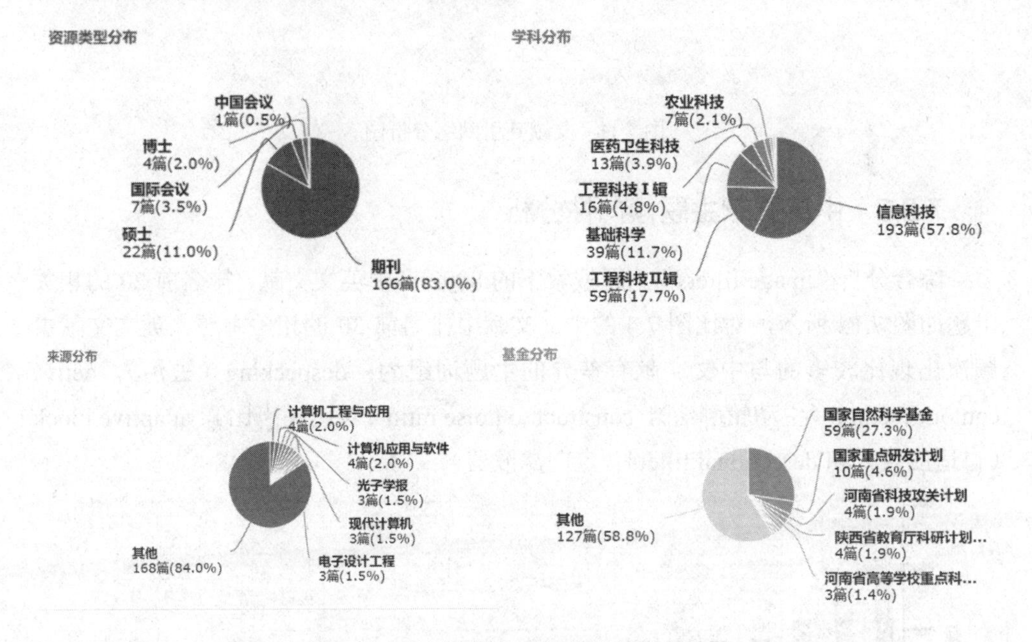

图 7.10　就近选择 200 篇文献做分布分析

7.2.5　文献互引网络关系分析

继续对选中最新的 200 篇文献进行文献互引网络关系分析（见图 7.11）时发现，相互引用的书籍中比较多的是美国冈萨雷斯的《数字图像处理》，共引用 1000 多次；文献互引量最大的科研论文是加拿大不列颠哥伦比亚大学（University of British Columbia）David G. Lowe 的 *Distinctive Image Features from Scale-Invariant Keypoints*，互引量达 16000 多次。该论文提出的是一种特征匹配的方法，可以从图像中提取独特的不变特征，用于对场景或对象的不同视图之间执行可靠的匹配。提取的特征对于图像比例和旋转是不变的，并且可以在3D视点变化、噪声添加和照明变化范围内提供强大的匹配。这说明图像的滤波算法研究在倾向于向特征匹配、模式识别的方向发展。

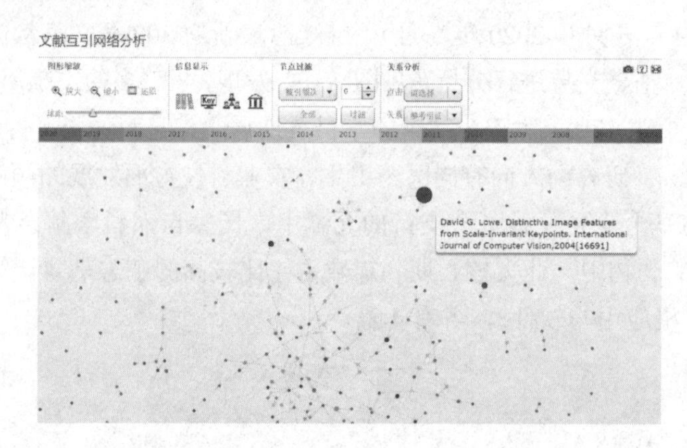

图 7.11　文献互引网络分析图

7.2.6　中英文献主题倾向性分析

综合分析“image filters”主题搜索下的8000多中英文文献，排名前20的相关主题如图7.12所示，对比图7.4的中文文献中排名前30的相关主题，英文文献中频次出现比较多的与中文文献有差异的主题词组为：despecking（去污），active contour method（主动轮廓法），constract to noise ratio（对比噪声比），adaptive block（自适应块）和derectional filters（定向滤波器）。

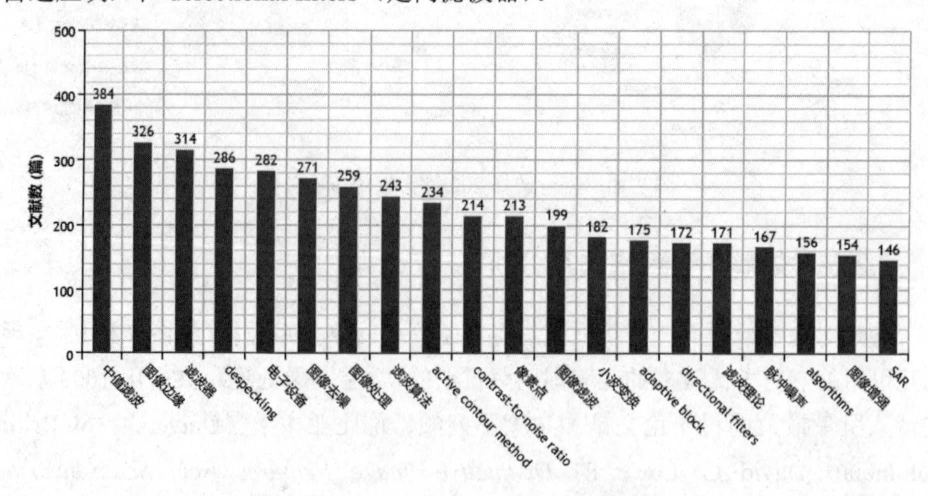

图 7.12　中英文文献相关主题词排名前20个

进一步对这 5 个词组做发文量对比分析（见图 7.13），despecking 相关主题的总发文量为 279 篇，是从 2005 年之后逐渐增多的，而且还呈现上升趋势；active contour method 相关主题的总发文量 233 篇，但是近年来发文量较少，研究热度下降；其他三个主题的研究热度比较平稳。

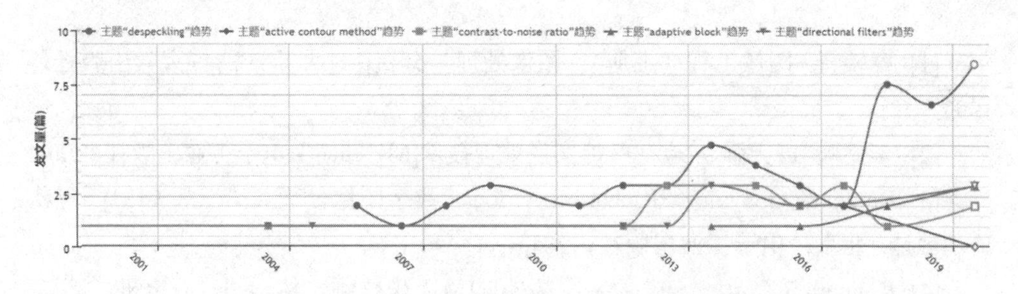

图 7.13　5 个英文主题的发文量对比曲线图

综合分析图 7.4、图 7.6 和图 7.12，滤波算法的应用研究倾向于对 SAR 相关图像的研究，而 SAR（合成孔径雷达），是一种主动式的对地成像观测系统，可安装在飞机、卫星、宇宙飞船等飞行平台上，全天时、全天候对地面实施观测，并具有一定的地表穿透能力。SAR 系统在对地面状况监测上具有独特的优势，对 SAR 图像做去噪、图像复原、图像分割处理，是大数据、人工智能时代发展的必然，图像滤波在 SAR 图像处理上的热度，展现了其在灾害监测、环境监测、海洋监测、资源勘查、农作物估产、测绘和军事、智慧交通等方面的拓展性应用倾向。此外，通过图 7.9 可以看到，图像滤波在医学上的应用也处于比较热门的研究状态。

7.3　本章小结

本章主要基于中国知网的数据，对图像滤波进行了研究趋势分析，包括“图像滤波”相关的知网学术关注度指数、研究主题和关键词分析、期刊和机构来源分析、最新文献的分布分析、文献互引网络关系分析，以及中英文献主题的研究倾向性分析。值得注意的是，由于中国知网检索的绝大多数为中国人写的论文，对于全球的研究趋势分析可能有所偏差，这需要借助于更大的数据库，如 Web of Science、EI 等做更详尽的分析。不过，中国知网上显示的英文文献也有很多是发布在 SCI 一区、二区或者 EI 收录的杂志内的，这比较好地支撑了本章关于图像滤波研究趋势分析的科学性和合理性。

参考文献

[1] 章毓晋. 图像工程（上册）：图像处理与分析[M].北京：清华大学出版社，1999.

[2] 李弼程，彭天强，彭波. 智能图像处理技术[M]. 北京：电子工业出版社，2004.

[3] Rafael C. Gonzalez，Richard E. Woods. 数字图像处理（第三版）[M]. 阮秋琦，等译. 北京：电子工业出版社，2017.

[4] Kenneth.R.Castleman. 数字图像处理[M]. 朱志刚，林学訚，石定机，等译. 北京：电子工业出版社，2002.

[5] Jansen M.，Bultheel A.，Multiple wavelet threshold estimation by generalized cross validation for images with correlated noise[J].IEEE Transactions on Image Processing.1999,8(7):947-953.

[6] Johnstone I.M,Silverman B-W, Wavelet threshold estimators for data with correlated noise[J], Journal of royal statistics society series(B),1997,59:319-351.

[7] Donobo D.L,Denoising by soft-thresholding[J],IEEE Transactions on Information Theory,1995,41(3):613-617.

[8] Gouchol Pok, Jyh-Charn Liu, and Attoor Sanju Nair,Selective removal of impulse noise based on homogeneity level information,IEEE Transaction on Image Processing,2003,12(1):85-92.

[9] Xiaowei Nan , Junsheng Li,et al, A selective and adaptive image filtering approach based on impulse noise detection,Proceedings of the 5th World Congress on Intelligent Control and Automation. 2004,6:15-19.

[10] E.A breu,M.Lightstone,S .K .Mitra,and K .Arakawa,A new efficient approach for the removal of impulse noise from highly corrupted images[J], IEEE Trans. Image Processing, 1996, 5:1012-1025.

[11] 王永凯. 基于阈值函数和阈值的小波去噪方法研究[D]. 秦皇岛:，燕山大学，2017.

[12] 张铮，徐超. 数字图像处理与机器视觉[M]. 北京：人民邮电出版社，2016.

[13] 杨丹，赵海滨，等. MATLAB 图像处理实例详解[M]. 北京：清华大学出版社，2015.

[14] 杨枝灵，王开，等. Visual C++数字图像获取、处理及实践应用[M]. 北京：人民邮电出版社，2004.

[15] 李坚. 抑制斑点噪声的超声图像滤波算法比较研究[D]. 广州：华南理工大学，2015.

[16] 韩寒，冯乃章. 超声图像去噪方法[J]. 计算机工程与应用，2011.47(26):193-195.

[17] 王耀. 单幅遥感图像自适应快速去雾算法研究[D]. 北京：电子科技大学，2018.

[18] 姜超. 大气退化遥感图像复原关键技术研究[D]. 北京：信息工程大学，2015.

[19] 汪秦峰. 基于直方图均衡化和 Retinex 的图像去雾算法研究[D]. 西安：西北大学，2016.

[20] 王诗尧. 单幅遥感图像去薄云算法研究[D]. 武汉：武汉大学，2017.

[21] 陈清江，石小涵，柴昱洲. 基于小波变换与卷积神经网络的图像去噪算法[J]. 应用光学，2020,41(2):288-295.

[22] 魏江，刘潇，梅少辉. 基于卷积神经网络的遥感图像去噪算法[J]. 微电子学与计算机，2019,36(8):59-62,67.

[23] 陈竹安，胡志峰. 小波阈值改进算法的遥感图像去噪[J]. 测绘通报，2018(4):28-31.

[24] 王昶，王旭，纪松. 采用变分法的遥感影像条带噪声去除[J]. 西安交通大学学报，2019,53(3):143-149.

[25] 杜春梅，冀志刚，张琛. 基于小波阈值法的矿山遥感图像非局部均值去噪[J]. 金属矿山，2017(3):116-120.

[26] 张元军. 基于双边滤波与小波阈值法的矿区遥感图像处理[J]. 金属矿山，2017(9):170-173.

[27] 张亶，陈刚. 基于偏微分方程的图像处理[M]. 北京：高等教育出版社，2004.

[28] 郭林，孟旭东. 基于偏微分方程与多尺度分析的图像去噪算法[J]. 吉林大学学报（理学版），2019,57(4):882-888.

[29] 朱立新. 基于偏微分方程的图像去噪和增强研究[D]. 南京：南京理工大学，2007.

[30] 刘万军，赵庆国，曲海成. 变差函数和形态学滤波的图像去雾算法[J]. 中国图象图形学报，2016,21(12):1610-1622.

[31] 张学谦. 面向“智慧城市”应用的整体解决方案[J]. 中国公共安全（综合版），2012(11):84-89.

[32] 孔越峰. 大数据在人脸识别在智慧城市的应用[J]. 自动化与仪表，2020,35(4):98-102,108.

[33] 范德耀. 浅析智能视频监控在智慧城市的应用与趋向[J]. 中国安防，2018(7):54-57.

[34] 周宾. 人脸识别技术在“智慧南京”城市建设中的应用[D]. 南京：南京邮电大学，2017.

[35] 吴佩琪. 基于深度学习的车牌识别算法研究与实现[D]. 北京：北京工业大学，2018.

[36] 刘洪民，刘炜炜. 智慧城市建设理论与实践研究综述[J]. 浙江科技学院学报，2020,32(2):89-95.

[37] 陈员义，杨文福，周祥明，等. 基于改进 R-L 算法的运动模糊图像复原方法研究[J/OL]. 兵器装备工程学报，2020(5):1-5.

[38] 夏青华. 模糊图像车辆与车牌识别算法的研究和实现[D]. 南京：南京邮电大学，2011.

[39] 甄峰.“智慧城市”是座什么城[J]. 决策，2013(7):64-65.

[40] 谢凤英，赵丹培. 数字图像处理及应用（第二版）[M]. 北京：电子工业出版社，2016.

[41] 张雪峰，闫慧. 基于中值滤波和分数阶滤波的图像去噪与增强算法[J]. 东北大学学报（自然科学版），2020,41(4):482-487.

[42] 王勇，李赟晟. 一种基于 Bayer 型图像数据的自适应非局部均值滤波算法[J]. 集成电路应用，2020,37(4):13-15.

[43] 胥培. 基于 Retinex 理论图像增强研究[D]. 重庆：重庆邮电大学，2018.

[44] 张跃，邹寿平，等. 模糊数学方法及其应用[M]. 北京：煤炭工业出版社，1992:27-28.

[45] 方述城，汪定伟. 模糊数学与模糊优化[M]. 北京：科学出版社，1997.

[46] 李岳生，黄友谦. 数值逼近[M]. 北京：人民教育出版社，1978.

[47] 马东升. 数值计算方法[M]. 北京：机械工业出版社，2001.

[48] Rafael C. Gonzalez. 数字图像处理（MATLAB 版）. 阮秋琦，等译. 北京：电子工业出版社，2005.

[49] Tao Chen and Hong Ren Wu, Adaptive impulse detection using center-weighted median filters[J]. IEEE Signal Processing Letters, 2001, 8(1):1-3.

[50] 倪臣敏. 关于一些滤波算法的分析研究[D]. 杭州：浙江大学，2006.

[51] Wang J.H.Prescanned minmax centre-weighted filters for image restoration, Vision, Image and Signal Processing, IEE Proceedings, 1999.4(146):101-107.

[52] Harja Q.Y., Huttunen H., et al. Design of recursive weighted median filters with negative weights, in Proc.IEEE-EURASIP Workshop Nolinear Signal Image Process., Baltimore, MD, 2001.6.

[53] C.S Lee, Y-H Kuo, P.-T.Yu, Weighted fuzzy mean filters for image processing, Fuzzy Sets.Syst., 1997(89):157-180.

[54] Wang Zhou, Zhang David, Progressive switching median filter for the removal of impulse noise from highly corrupted images[J].IEEE Transactionsons on Circuits and Systems, 1999, 46(1):78-80.

[55] Howlung Eng, Student Member, Kaikuang Ma, Noise adaptive soft-switching median filter, IEEE Trans.Image Processing, 2001, 10(2):242-251.

[56] C-S Lee, C-Y Hsu, Y-H Kuo, Intelligent Fuzzy Image Filter for Impulse Noise Removal, IEEE International Conference on Fuzzy System, 2002:431-436.

[57] Yüksel M.Emin and Besdok Erkan, A simple neuro-fuzzy impulse detector for efficient blur reduction of impulse noise removal operators for digital images[J]. IEEE Transactions on Fuzzy Systems, 2004, 12(12):854-865.

[58] Z.Wang, D.Zhang, Impulse noise detection and removal using fuzzy techniques, 1997, Electron, Lett.33(4):378-379.

[59] Yüksel M. Emin, A hybrid neuro-fuzzy filter for edge preserving restoration of images corrupted by impulse noise, IEEE Transactions on Image Processing, 2006,15(4):928-936.

[60] 秦鹏，丁润涛. 一种基于排序阈值的开关中值滤波方法[J]. 中国图象图形学报，2004,9(4):412-416.

[61] Sorin Zoican, Improved median filter for impulse noise removal[J]. TELSIKS 2003, Serbia and Motenegra, 2003,10(1-3):681-684.

[62] 何斌，马天予，等. Visual C++ 数字图像处理[M]. 北京：人民邮电出版社，2001.

[63] Wei-Yu Han and Ja-Chen Lin, Minimum-maximum exclusive mean filter to remove impulse noise from highly corrupted images[J]. Electronics Letters, 1997,33(2): 124-125.

[64] A. Sawant, H. Zeman, D. Muratore, S. Samant, and F. DiBianka, An adaptive

median filter algorithm to remove impulse noise in X-ray and CT images and speckle in ultrasound images, Proc. SPIE, 1999, 3661(2):1263-1274.

[65] David G. Lowe, Distinctive Image Features from Scale-Invariant Keypoints[J]. International Journal of Computer Vision, 2004, Vol.60 (2), pp.91-110.

[66] Li Xu, Jiaya Jia, Two-Phase Kernel Estimation for Robust Motion Deblurring, European Conference on Computer Vision ECCV 2010: 157-170.

[67] Shijie Sun, Huaici Zhao, Bo Li, et al. Kernel estimation for robust motion deblurring of noisy and blurry images, 2016, 25(3):033019-033019.

[68] 张郝. 基于小波变换的图像去噪方法研究[D]. 北京：北京交通大学，2008.